国際資源管理認証

エコラベルがつなぐ
グローバルとローカル

大元鈴子／佐藤 哲／内藤大輔 ──［編］

東京大学出版会

International Certifications for Sustainable Resource Management:
Ecolabels Linking the Global and the Local
Reiko OMOTO, Tetsu SATO and Daisuke NAITO, Editors
University of Tokyo Press, 2016
ISBN978-4-13-060314-0

はじめに

　私たちの生活は，一次産業を支えるさまざまな生き物によって成り立っている．日常の食卓にのぼる魚は漁業によって供給され，毎日のように大量に消費する紙は，森林からの木材を加工してつくられるものだ．そして，水産資源や森林資源などの再生可能な自然資源は，人間による消費などを通じて世界的に減少を続けている．人間生活に不可欠な自然資源を，持続可能なかたちで，しかも効果的に利用していくことは，持続可能な社会を実現するために必要不可欠なことである．しかし，世界の人口増加に歯止めがかからず，経済のグローバル化が加速するなかで，水産資源や森林資源への圧力は，今後も確実に増大していく．自然資源の持続可能な利用という課題は，私たちが緊急に解決すべき地球環境問題である．

　人々は資源の過剰利用と枯渇を，手をこまねいて見ていたわけではない．地球規模でも各国の政策のなかでも，持続可能な資源管理のためのさまざまな規則や制度が導入されてきた．しかし，資源の利用を規制によって管理しようとするアプローチには限界がある．自然資源を構成する生き物は複雑な生態系のなかで生きており，そのふるまいを予測することには大きな不確実性がともなう．自然資源を利用する人間社会も，さまざまな利害や思惑がうずまく複雑系である．ダイナミックに変化する社会生態系システムのなかで，自然資源を一律な規制で管理しようとすることは，そもそも無謀なことである．自然資源を利用する漁業者や林業者の立場や利害，加工流通にかかわる企業や消費者のニーズなどに寄り添って，日々の生活や地域社会の生産現場から，ボトムアップの取り組みを積み重ねることこそ大切なのではないか．このような発想から，私たちは総合地球環境学研究所において，「地域環境知形成による新たなコモンズの創生と持続可能な管理（地域環境知プロジェクト）」を2012年から開始した．これは，生物資源など，生態系が私たちにもたらすさまざまな恩恵（生態系サービス）を，その利用にかかわる多様な人々の意思決定とアクションを支える統合的な知識基盤（地域環境知）にも

とづいて管理する仕組みの解明を目指すプロジェクトである．世界の地域社会から事例を集め，多様な人々の意思決定とアクションによって資源の協働管理が実現し，地域からのボトムアップの取り組みが自然資源の持続可能な管理というグローバルな課題の解決をもたらす仕組みの解明を進めている．

　研究を進めるなかで，私たちは地域の漁業者や林業者とグローバルな資源管理の取り組みをつなぐ仕組みとして，本書が取り上げる国際資源管理認証に注目してきた．国際資源管理認証は，自然資源を利用する生産者の，それぞれの現場の特性に応じた資源管理の取り組みを科学的な基準で評価し，基準を満たしたものにエコラベルの使用を認める仕組みである．消費者や流通加工にかかわる企業が，エコラベルを頼りに持続可能な資源管理を通じて生産された水産物や林産物を選択できる仕組みを整えることで，生産者による資源管理の取り組みを活性化しようという発想である．このような国際的な仕組みは，地域の生産者や自然資源の利用にかかわる多くの人々にとって，どんな意味を持つのだろうか．認証の仕組みを現場の生産者が使いこなすためには，どんな仕組みや配慮が必要なのだろうか．本書は，地域の生産者による認証取得への取り組みにさまざまな立場からかかわっている方々を執筆者に迎え，このような問いに答えようとする試みである．本書を一読することで，自然資源の管理と日常のなかでの利用に関心を持つ生産者，消費者，行政や企業，研究者や学生などのさまざまな読者が，資源管理認証の多面的な可能性と課題を理解し，それぞれの立場から資源管理認証を使いこなす道筋について考え，持続可能な資源管理の実現というグローバルな課題についてローカルな視点から関心を深めてくださることを期待している．

佐藤　哲

目　次

はじめに　i ………………………………………………………… 佐藤　哲

序　章　国際資源管理認証とはなにか
　　　　――価値を付与する仕組み　1 ………… 大元鈴子・佐藤　哲・内藤大輔
　1　国際資源管理認証とは　1
　2　信頼性の担保のメカニズム　4
　3　国際資源管理認証のさまざまな機能　5
　4　国際資源管理認証の利用者
　　　　――企業・消費者の視点から生産者の視点へ　8
　5　この本の構成とテーマ　9

I　「認証」を受けることの意義

第1章　国際資源管理認証の機能と歴史
　　　　――認証リテラシー　15 ……………………………………… 大元鈴子
　1.1　資源管理認証制度の基本　15
　1.2　国際資源管理認証の歴史　20
　1.3　信頼性(credibility)とアクセシビリティ(accessibility)　24
　1.4　国際資源管理認証への批判　27

第2章　国際資源管理認証をめぐるローカルとグローバル
　　　　――生産者が制度や仕組みを飼いならす　30 ……………… 佐藤　哲
　2.1　ボトムアップの資源管理を支える知識基盤　30
　2.2　地域環境知の構造と機能　33
　2.3　生産者から見た国際資源管理認証　37
　2.4　地域と世界をつなぐ　40

II　地域づくりと資源管理認証

第3章　地域デザインと森林認証
——岡山県西粟倉村と企業の連携　47 ………………… 西原啓史
3.1　西粟倉村百年の森林構想とFSC森林認証　47
3.2　西粟倉村と森林利用形態の沿革　51
3.3　百年の森林構想と株式会社トビムシの役割　56
3.4　FSCを活かした事業・活動展開　61
3.5　地域づくりにおけるFSC認証の意義　63

第4章　海の再生と水産養殖認証
——震災と南三陸町の水産業　66 ………………………… 前川　聡
4.1　宮城県におけるマガキ養殖と震災　66
4.2　拡大する養殖業と認証制度　68
4.3　南三陸町におけるASC認証への期待と課題　72
4.4　ASC認証取得の潜在的メリット　76
4.5　ASCの普及とWWFの役割　77

第5章　離島漁業と水産資源管理認証（MSC）
——隠岐諸島海士町の選択　84 …………………………… 藤澤裕介
5.1　地域と漁業の概要　84
5.2　MSC認証を検討した背景　88
5.3　障壁となった要因　91
5.4　これからのシナリオ　93

第6章　地域からの発信と世界の目
——知床世界自然遺産の事例から　96 …………………… 松田裕之
6.1　世界遺産と国際認証　96
6.2　地域が選んだ世界遺産登録　100
6.3　世界遺産がさらされる「世界の目」　105
6.4　世界が評価した「知床方式」　106

III 資源管理認証のトランスレーター

第7章　京都府底曳網漁業の資源管理と MSC 認証
　　　　——アジア初の MSC 認証　111 ……………………………… 山崎　淳
　　7.1　京都府の底曳網漁業の概要　111
　　7.2　MSC 認証取得への決断　122
　　7.3　MSC 認証の価値と可能性　128

第8章　森林認証制度を見定め活動する
　　　　——タスマニア森林保全と企業への働きかけ　130 ………… 川上豊幸
　　8.1　タスマニアでの原生林伐採　130
　　8.2　2つの国際的な森林認証制度—— FSC と PEFC　134
　　8.3　FSC 管理材とされていたガンズ社の PEFC/AFS 認証材　138

第9章　持続可能なパーム油調達をサポートする
　　　　—— RSPO 認証が果たす役割　144 ……………………………… 武末克久
　　9.1　持続可能な認証パーム油とは　144
　　9.2　拡大する RSPO 認証パーム油　147
　　9.3　企業が持続可能なパーム油の使用をすすめる理由　149
　　9.4　RSPO の果たす役割　154
　　9.5　RSPO の課題　155
　　9.6　認証油の生産を拡大させる取り組み——小規模農家支援　159
　　9.7　環境経営コンサルタントの役割　162

IV 生活・生産の場に出現する資源管理認証

第10章　先住民族の生活と森林認証
　　　　——マレーシアの認証林の事例から　167 …………………… 内藤大輔
　　10.1　森林認証制度とマレーシアでの普及状況　167
　　10.2　FSC 認証を支える科学的基盤　171
　　10.3　生活者の視点から見た森林認証制度　173
　　10.4　認証システムと森林施業の改善要求　176
　　10.5　森林管理での協働へのプラットフォーム　178

第 11 章　小規模家族経営水産養殖と世界基準
　　　　　——ベトナムの有機エビ養殖　183 ………………… 大元鈴子
　　11.1　養殖水産物に対するオーガニック基準　183
　　11.2　小規模家族経営エビ養殖の村　186
　　11.3　有機エビ認証の導入　192
　　11.4　国際有機エビ認証でマングローブを守るということ　196

第 12 章　開発フロンティアにおける RSPO パーム油認証
　　　　　——マレーシア・サラワク州を事例に　201 ……………… 生方史数
　　12.1　パーム油の認証制度と生産現場　201
　　12.2　RSPO とマレーシアにおける認証油の普及状況　204
　　12.3　現場での実践　209
　　12.4　2 つの世界と RSPO 認証　218

終　章　生産現場から考える資源管理認証
　　　　　——地域づくりのプラットフォーム　221
　　　　　……………………………………… 大元鈴子・佐藤　哲・内藤大輔
　　1　生産現場の視点　221
　　2　国際資源管理認証がつなぐ人々　224
　　3　地域を動かすトランスレーション　227
　　4　地域づくりのプラットフォームとしての国際資源管理認証　230

おわりに　233 ……………………………………………………… 大元鈴子
索引　235
執筆者一覧　239

序章
国際資源管理認証とはなにか
――価値を付与する仕組み

大元鈴子・佐藤 哲・内藤大輔

　国際的な環境認証制度は，生産物の新しい流通の仕組みを構築し，国際市場で取引される資源の生産現場における，資源の持続可能性を高めることに寄与してきた．環境認証制度のなかでも，とくに水産物や林産物などの自然資源の適切な利用を促すことを目的として，持続可能な資源利用を実現している生産者に対して，認証を通じて市場での優位性を与える仕組みがある．このような仕組みは，環境への配慮と資源の持続可能性という，生産物の直接感じることのできない価値を，消費者まで伝える役割を担っている．このような認証制度を「国際資源管理認証」と名付ける．序章では，認証によって長期的な資源への負荷の軽減を実現する仕組みが，生産者の生活の維持と福利の向上にどのように貢献しうるかを，日本と東南アジアの事例から検討する．また，国際資源管理認証は，さまざまな利害関係者が集まる場の設定という機能もあわせ持つので，国際資源管理認証の資源管理にとどまらないさまざまな役割について検討する．

1　国際資源管理認証とは

　近年，環境への配慮を示すエコラベルを表示した製品が身近になってきた．たとえば，大手スーパーで販売されるエコラベル付き水産物やコーヒーショップで見かける環境保全栽培によるコーヒーなどである．このようなエコラベルの仕組みを推進する国際資源管理認証（以下，資源管理認証）とは，特定の資源の再生可能な特性を利用して，その持続可能な利用を市場原理にもとづいて推進する試みである．今日国際的に取引される自然資源は，その量と種類においてたいへん多様になっている．資源の管理をおもな目的とする

資源管理認証がどのように機能するかを理解するには，自然資源の特性や定義を明確にしておく必要がある．

　森林，海洋，農地などのさまざまな生態系が人間社会にもたらす多様な便益を「生態系サービス」という．生態系がもたらす便益はきわめて多岐にわたるが，そのなかで林産物や水産物などの資源は，人間生活に必要不可欠な資源を提供する「供給サービス」に分類される．水源の維持や大気成分の調節などの機能を提供する「調整サービス」，文化的あるいは精神的な活動の基盤を提供する「文化的サービス」などとともに，生態系サービスのなかの重要な構成要素とされている（Costanza *et al.*, 1997；ミレニアム生態系評価, 2007）．本書で扱う資源管理認証のすべてが，供給サービスの一部である「自然のなかにある再生可能な資源」または，それらに深くかかわるかたちで生産されている資源を対象としている．再生可能な自然資源が，同じように自然界に存在する石油や鉱物などの資源と異なる点は，使っても増えてくる資源と，使うとその分減る有限の資源であるかどうかである．つまり，再生可能な自然資源とは，人間による利用の速度が，その資源の再生産速度を上回らなければ，枯渇することはない資源のことである．人間によって大規模に利用されている再生可能な自然資源の代表としては，魚や木材があるが，それぞれの資源特性，種，環境によって，再生の速度やプロセスには違いがある．自然資源の将来にわたる持続可能性を担保するためには，それぞれの資源の特性に応じた資源管理の仕組みをつくりあげ，効果的に運用していくことが不可欠であり，資源管理認証には，このような持続可能な資源管理を多様な側面からサポートすることが期待されている．

　自然資源には特定の資源を利用することが，ほかの資源，あるいはより広範な生態系サービスに悪影響を与えるという「トレードオフ」の関係が発生することがある（Elmqvist *et al.*, 2011）．たとえば木材利用のための大規模な森林伐採は，森林が提供する非木材資源やそれ以外の多様なサービスを大きく劣化させることがある．農地は農産物という供給サービスを効率よく利用するための仕組みだが，森林や草原を農地に転換することによって，森林などが持つ多様な生態系サービスが損なわれる．本書が扱うアブラヤシや養殖水産物は，このような生態系の改変をともなう資源利用の典型的な例であり，その際にはトレードオフを軽減し，ほかの再生可能資源や生態系サービ

スへのインパクトを可能な限り低減する配慮が必要である．たとえば，アブラヤシ・プランテーションの開発には，大規模な森林伐採にともなう生態系サービスの劣化という問題があるし，養殖水産物の生産には，沿岸・陸域の生態系サービスへのインパクトや水環境の汚染などの影響が指摘されている．本書ではこのような視点から，ほかの生態系サービスとトレードオフ関係にあるアブラヤシ生産と水産養殖の持続可能性にかかわる課題に対しても，資源管理認証が果たしうる役割を検討する．

　本書は，上記で紹介したそれぞれの資源に対応する資源管理認証を生産者と生産の現場の視点から分析する．森林認証には，政府間合意から生まれた制度，木材業界による制度，環境NGOなどが主導して設立されたものなど異なる設立背景を持つ認証が存在する．また，それらが適用される範囲もさまざまで，国や地域だけのものから世界共通のものまでがある．本書ではおもに，国際的な認証制度であるFSC認証（1993年設立，先住民族の慣習権の保全や生物多様性保全に関して厳しい基準を持つ）とPEFC認証（1999年設立）について議論する．

　水産業においては，MSC認証（1997年設立）を取り上げる．この制度は，天然漁獲を行う漁業に対する認証で，先行するFSCをモデルにつくられた．FSCと同じく，環境NGOと企業とのパートナーシップにより設立され，水域（海水，淡水）での資源という所有権の曖昧な資源への資源管理を目的としている．また，漁業活動に対して，その包括的な生態系への影響を基準に組み込んだ最初の認証でもある．

　養殖水産業については，ASC認証（2010年設立）と有機養殖水産物に対するNaturland認証（1982年設立）を取り上げる．ASC認証は，MSC認証の養殖版と呼ばれることもあり，MSCをモデルとしてつくられた，持続可能な養殖業に対する認証である．認証基準を魚種ごとに，ダイアログと呼ばれる多様なステークホルダーによる話し合いで設定することが特徴である．Naturlandは，ヨーロッパを中心に展開されている有機農水産物に対する認証で，開発途上国における適用例も多く，本書では開発途上国からヨーロッパに輸出される養殖水産物の例を扱っている．最後に，アブラヤシに対する認証としては，環境NGO，消費財メーカーなどの欧州サプライヤー，マレーシアパーム油協会（生産者）などが中心となって2004年より運営が開始

されたRSPO認証があり，環境や社会的に責任を持ったアブラヤシ管理を目的としている．各認証の設立の経緯やタイムラインについては，第1章を参考にしてもらいたい．

　本書で扱うすべての資源管理認証は，「市場原理を利用した資源管理」の仕組み（Dietsch and Stacy, 2008）であるという共通点を持つ．また，認証に付随するエコラベルは，生産者に対して「市場原理を利用したインセンティブ」を生み出し（Deere, 1999），消費者のインフォームド・チョイス（informed choice）を手助けする役割を果たす（Ward and Phillips, 2008）．インフォームド・チョイスとは，十分な情報や説明を得たうえで，1つのオプションを選択することである．エコラベルは生産段階での環境配慮という直接感じることのできない（intangible）製品の価値を消費者に提供することを通じて，インフォームド・チョイスの一助となる．認証によっては，環境的配慮以外にも，社会経済的配慮をその情報に含むものもある．いずれの場合にも，エコラベル制度は，既存の流通では，直接の資源利用者（＝消費者）が支払うことなく外部費用となっていた環境的・社会的コストを内部化することに貢献している．

2　信頼性の担保のメカニズム

　資源管理認証を信頼される制度として確立するためには，「科学的根拠」，「合法性」，「中立性」，「審査の透明性」，「トレーサビリティ」が求められる．科学的根拠とは，認証取得事業者の活動の妥当性が，資源管理や生態系保全の観点から，科学的に検証できるということであり，そのような科学的検証を可能とするはっきりした基準を認証が備えている必要がある．資源の利用には，既存の国，地域，国際レベルのさまざまな法律や規制がある．国際条約や関係国の関連法規に違反しないこと（合法性）が，認証を取得するための最低条件となっている．また，資源利用に関する合法性だけでなく，労働条件などの合法性を認証基準に含めている制度もある．特定の資源をめぐって紛争状態にあるような地域においては，認証の付与によって，特定のグループや国をサポートしてしまうことによるさらなる混乱を避けるため，慎重な対応が必要とされることもある．資源管理認証においては，審査が利害関

係を持たない第三者によって行われることが普通である．これは中立性を保証するための仕組みである．審査の過程と結果は，通常は広く公開される．これは，審査の過程の透明性を確保し，基準を満たしていることが科学的に検証された生産活動だけが認証を受けていることを，ステークホルダーや消費者が確認できるようにするためである．加工流通過程のトレーサビリティによって，エコラベルの付いた最終製品が，認証された資源に確実に由来するものであることを，消費者に保証している．

　これらの要素を満たすための審査方法や審査基準は，科学的検証法の進歩や社会的通念の変化により，たえず更新が必要になる．たとえば，資源管理に関する科学的な知見は，日々更新されており，また，法律は改定されることがあり，社会的価値基準も変化する．このような進歩や変化に対応して，認証基準や制度設計を順応的に見直し，審査方法をより適切で効率のよいものに改善していく仕組み（制度の順応性）も重要である．

3　国際資源管理認証のさまざまな機能

　資源管理認証の目的は，文字どおり資源の持続可能な利用を促進することである．しかしながら，本書で取り上げる自然資源は，持続可能な資源管理のうえでも，それ以外の社会的あるいは環境的側面においても，多様な課題を抱えている．

　水産業は 1980 年代半ばに生産のピークを迎えたが，以後，漁獲量の頭打ち状態が続いている．FAO（Food and Agriculture Organization；国際連合食糧農業機関）のレポートでは，満限まで利用されている，もしくは過剰漁獲にある漁業資源の割合が年々増えている（FAO, 2014）．水産資源の管理をむずかしくする特性の 1 つは資源の移動性にあり，よって資源の所有権も曖昧である．マグロなどの広範囲を回遊する魚は，排他的経済水域外での漁獲・管理を含み，その資源管理には国際的な枠組みが必要とされる．また，広大な水域での監視のむずかしさから，IUU 漁業（違法，無報告，無規制漁業）と呼ばれる漁獲統計に上らない漁業による漁獲が，世界で年間 1100 万 –2600 万トンに上ることも大きな問題となっている（Agnew *et al*., 2009）．そのため，トレーサビリティの確保による違法漁業の市場からの締め出しを

目的にした，資源管理認証の活用も期待されている．

　天然漁獲水産物の明らかな減少は，水産養殖業による水産物生産を急激に押し上げている．その背景には健康的な食生活への関心の高まりや，新興国における収入の向上と人口の増加による水産物の消費の拡大がある (Peterson and Fronc, 2007)．現在，養殖により生産される水産物は，天然漁獲水産物生産量（1億5800万トン，食用以外の生産を含む）の42.2%に達している (FAO, 2014)．水産養殖は海水域，汽水域，淡水域，また陸域にまたがる幅広い環境で営まれており，養殖される種についても，魚類，貝類，甲殻類，藻類とさまざまである．養殖生産の規模の拡大と集約化により，さまざまな環境的・社会的問題が世界中で指摘されている．水産養殖は，水を必要とする産業であり，さまざまな投入資材を使用し，外部の環境とつながることによって，生態系へのネガティブな影響が拡散しやすい．大規模な養殖設備の設置は，汚水による環境汚染と，水循環の劣化を引き起こすことがある．沿岸における養殖池設置による湿地やマングローブの破壊は，沿岸漁業への影響や，コミュニティのコモンズとしての利用を阻害する．海上での過密養殖では，有機物（餌と排泄物）が，ヘドロとして海底に堆積し生態系へ影響を与える．栄養段階上位の肉食性魚種の養殖については，餌が天然漁獲の魚であることも多く，天然魚への漁獲圧が軽減されないうえに，人間が消費できたはずのタンパク質源を奪うことにもなっている．養殖による水産物は，途上国での生産が多く，必要な労働環境や児童労働などの問題が発生することもある．このように生産量が急速に拡大している水産養殖に対する資源管理認証は，これらの複雑な課題の包括的な解決の一助となることが期待されている．

　林業に関しては，とくに熱帯雨林の減少が続いており，先住民族の権利侵害や生物多様性の減少が深刻な問題となっている．歴史的には，これらの問題は過剰な熱帯材の国際間取引によって引き起こされてきた．そのため，1980年代後半から欧米を中心とした不買運動がさかんに展開され，各国の政策に反映されてきた．世界各地で熱帯材に対する規制が広がったが，欧米諸国による一方的な規制に対して，熱帯材生産国は不当な貿易障壁だとして反発した．また，欧米諸国においても輸入禁止措置は実質的な森林減少の解決にはつながらないという認識が広がり，生態系，社会へ配慮して生産して

いる材を積極的に購買するという動きから森林認証制度が生まれた．このような流れのなかで，森林認証は木材が生態系や社会に配慮されて生産されているかどうかを立証するツールとして普及してきた．

　アブラヤシは，西アフリカ原産のヤシで，食品（食用油，マーガリン，チョコレートなど），洗剤，化粧品（口紅，シャンプーなど），バイオ燃料などの原料として，たいへん幅広い用途がある．アブラヤシ栽培は1980年代以降にマレーシアとインドネシアで急速に拡大し，中南米やアフリカにも広がった．通常はプランテーション形式で大規模な農園開発が行われることが多いので，森林伐採，土壌流出，地域住民との紛争などのさまざまな問題が指摘されてきている．

　このように国際的に取引される自然資源は，資源管理のみならずその他の環境的，社会的，市場的課題がローカルからグローバルまでのレベルで複雑に絡み合っている．そのため，本来資源管理を主目的とする資源管理認証は，戦略的に，また，副産物的に，その他の課題の解決を助ける役割を果たしている．冒頭でも述べたとおり，資源管理認証は，「市場原理を利用した資源管理」の仕組みである．基本的な機能としては，適切な資源管理による生産物にエコラベルを添付し，それを消費者が優先的に選択することで成立する．生産者が資源管理活動への適切な対価を得られることを目的としており，市場へのアクセスの維持や新規開拓に効果が期待される．広域的なネットワーキングによるさまざまな効果も期待される機能である．たとえば，認証取得者どうしのつながり，資源管理に関係する異業種とのかかわりなどが起こりうる．より合理的な資源管理手法の選択肢としての機能や科学的データにもとづく納得できるルールづくりへの期待なども，生産者をはじめとするステークホルダーの資源管理に対するインセンティブとなりうるし，認証を取得した生産者の資源管理に関する交渉の場での発言権の強化や広域的なプレゼンスの向上につながることもある．生産者の資源管理の価値の広域発信も，重要な機能だろう．国際的な付加価値を付与することがもたらす，資源管理認証の副次的な効果も報告されている．開発途上国における産業の持続可能性には，労働環境の整備や人権の保護が不可欠だが，国際的な認証の取得が，開発途上国におけるこのようなインフラの整備につながった事例がある．MSC認証を取得したメキシコの集落では，認証の取得が契機となり，電力

の供給, 漁業インフラ, 集落への道路, さらに飲料水に対する支援を政府から受けることができた (MSC, 2009).

4 国際資源管理認証の利用者
――企業・消費者の視点から生産者の視点へ

　これまで資源管理認証は, 消費者への持続可能な選択肢の提供と, 企業のCSR (Corporate Social Responsibility；企業の社会的責任) や環境に親和的で持続可能な原材料調達方針の実現のための仕組みとして広く活用され, そのような視点を中心に研究が行われてきた. 国際・国レベルの法規などに整合し, 専門家による高い基準を備えて制度化された認証は, 国際的に認知されたものであり, それを一企業のレベルで構築することは, 費用とキャパシティーにおいて困難である. 各資源管理認証の運営者は, FAO が発行するエコラベルに関するガイドラインへの準拠や, 持続可能性の担保を目指す認証制度の質や基準の向上を監督する ISEAL (International Social and Environmental Accreditation and Labelling；国際社会環境認定表示連合) などへ加入することによって, 国際的な第三者認証の信頼性の基礎を与えられており, これを利用することが企業の社会的責任を全うするための費用対効果の高いアプローチとして普及してきたのである.

　資源を調達し製品をつくる製造企業にとっては, 資源の減少によって原材料の供給が不足したり, 価格が高騰したりすると, 製品の安定的な製造に支障をきたす. 逆に, 原材料の長期的な安定供給が保障されれば, 操業は安定する. 小売り企業 (スーパーマーケットなど) にとって, 商品の環境的な特徴 (影響) や生産過程は, 配慮しなくてはならない項目の1つとなり, 国際資源管理認証は, そのためのさまざまな保証をもたらす仕組みとなっている. 大手小売り企業にとって, 製品への虚偽表示や直接的・間接的な環境破壊などへの関与が暴露されることにより顧客が離れていくことは, ビジネスにおけるリスクの1つとなった. 海外では, 環境 NGO が, 小売り企業の環境配慮をランキング形式で公表することにより, 当該企業の持続可能な資源利用の取り組みのレベルについて, 消費者に知らせている. そのため, 小売り企業にとって環境認証を受けた製品を供給することは, CSR の促進を

アピールするのに便利な方法なのである．小売り企業のなかには，森林認証を自社ブランドに組み込む企業もあり，製造・供給会社に特定の認証の取得を求める動きもある．

　これまでの資源管理認証に関する議論は，企業のCSRやより持続可能な原材料調達方針の実現のため，また消費者への持続可能な選択肢の提供のめ，国際市場の需要に駆動された「トップダウン的」認証審査を活用するという視点にとどまっている．そのため，従来の短期的利益追求の流通を脱却することがむずかしいケースも多く，生産者の長期的な取り組みと資源への負荷の軽減に，根本的にはつながっていかない．本書では，生産者（と生産現場）の視点から，資源管理認証の有効活用を実現するためのさまざまな要素に注目して，資源管理認証が持つ意義，可能性，課題を再検討する．

　資源管理認証は，国際的な仕組みではあるが，資源の利用に対する認証を取得する主体は，各地域でその資源と向き合う生産者であり，審査の対象は生産現場である．したがって，国際資源管理認証は，生産者や地域社会の現実に沿うかたちで運用されなくてはならない．しかし，それでいて国際的に適用できなければならないというギャップをはらんでいる．生産者にとって，認証を取得することによる市場へのアクセスや価格の向上といった利点は確かに重要であるが，本書で取り上げる事例のなかには，縦方向の流通のなかで発生する利点のみの追求ではなく，認証によって発生する水平方向への広がりやネットワークをうまく活用する人々も登場する．生産者にとってのこのような多様な利点・機能を可視化することも本書の重要な目的である．

5　この本の構成とテーマ

　資源管理認証の活用現場には，さまざまなステークホルダーの相互作用を通じた知識や情報の流通を可能にしている「知識のトランスレーター」（第2章）が存在することがわかってきた．資源管理認証は，生産・流通・消費をネットワーク化することによって，ステークホルダー間の対話のプラットフォームとなりうるが，国際的な制度ゆえに，そのアプローチは本質的にトップダウンである．知識のトランスレーターは，そのような仕組みのなかで水平，垂直双方向の知識・情報の流れとステークホルダーの相互作用を生み

出すことに貢献している．そこで，本書ではとくに，どのようにして生産者の知識や経験が認証の仕組みや審査基準に反映され，生産者にとっての価値や持続可能な選択肢につながるかに注目する．また，資源管理認証が持続可能な地域社会の実現に果たしうる新たな可能性を，森林認証，漁業・養殖認証，アブラヤシ認証をテーマに，国内外の事例を通して検討する．これらを通じて，資源管理認証が地域のポテンシャルを引き出すための仕組みとして機能するために不可欠な要素とプロセスを明らかにし，認証を活かした地域主体の資源管理と新しい流通消費のあり方を提案する．

「第Ⅰ部 「認証」を受けることの意義」では，資源管理認証が持つ多面的な役割（第1章）を，資源管理にかかわる多様な人々の双方向のつながりを中心に議論する．とくに，国際資源管理認証において，ローカルとグローバルの相互作用を可能にする知識のトランスレーターの役割（第2章）をくわしく検討する．「第Ⅱ部 地域づくりと資源管理認証」は，地域づくりのための触媒としての認証の活用事例を，企業・環境NGO・地元産業（第5章）・研究者（第6章）の立場から多面的に議論する．とくに地域の未来のデザイン（第3章）や震災後の海の再生のツール（第4章）としての資源管理認証のポテンシャルに注目する．「第Ⅲ部 資源管理認証のトランスレーター」は，資源管理認証がもたらす知識や情報の流通によって創発する多様なステークホルダー間の相互作用と協働をテーマに議論する．たとえば，資源管理認証の取得につながるさまざまな資源管理への取り組みのプロセスは，研究者と漁業者のつながりと協働を強化してきた（第7章）．資源管理認証に頼りすぎた消費財企業への痛烈な批判（第8章）が起こる一方で，資源管理認証は，従来の「企業活動 vs 環境NGO」の対立構造を超えて，環境NGOと企業のダイアログを促すことを可能にしている．そのようなマッチング機能としての認証と，認証と当事者をつなぐ中間支援者としての知識のトランスレーターの存在に注目する（第9章）．「第Ⅳ部 生活・生産の場に出現する資源管理認証」では，開発途上国の生業の現場に現れた国際認証についての事例を通じて，認証によるコンフリクト発生（第10章），小規模生産が国際認証によって世界市場とつながったケース（第11章），また，認証を活用するアブラヤシ・プランテーションの周辺で顕在化している小規模生産者とのギャップ（第12章）を紹介する．

終章では，資源管理認証が内包するさまざまな可能性を，生産者の視点からの有効活用と，長期的な資源への負荷の軽減を実現するために必要な仕組みや工夫という視点から検討する．これを通じて国際的な取り組みだからこそできる「地域が元気になる仕掛け」をひもといていく．

引用文献

Agnew, D. J., J. Pearce, G. Pramod, T. Peatman, R. Watson, J. R. Beddington and T. J. Pitcher. 2009. Estimating the worldwide extent of illegal fishing. PLoS ONE, 4(2) : e4570 [online].

Costanza, R., R. d'Arge, R. de Groot, S. Farber, M. Grasso, B. Hannon, K. Limburg, S. Naeem, R. V. O'Neill, J. Paruelo, R. G. Raskin, P. Sutton and M. van den Belt. 1997. The value of the world's ecosystem services and natural capital. Nature, 387 : 253-260.

Deere, C. 1999. Eco-labelling and Sustainable Fisheries. IUCN, Washington, D.C. and FAO, Rome.

Dietsch, T. V. and M. P. Stacy. 2008. Linking consumers to sustainability : incorporating science into eco-friendly certification. Globalizations, 5(2) : 247-258.

Elmqvist, T., M. Tuvendal, J. Krishnaswamy and K. Hylander. 2011. Managing Trade-offs in Ecosystem Services. The United Nations Environment Programme, Nairobi.

FAO (Food and Agriculture Organization of United Nations). 2014. The State of World Fisheries and Aquaculture. FAO, Rome.

ミレニアム生態系評価（横浜国立大学 21 世紀 COE 翻訳委員会訳）．2007．生態系サービスと人類の将来．オーム社，東京．

MSC (Marine Stewardship Council). 2009. Net Benefit——MSC 認証がもたらしたもの MSC 認証漁業 10 年の歩みと成果．MSC，ロンドン．

Peterson, H. C. and K. Fronc. 2007. Fishing for consumption : market-driven factors affecting the sustainability of the fish and seafood supply chain. *In* (Taylor, W. W., M. G. Schechter and L. G. Wolfson, eds.) Globalization Effects on Fisheries Resources, pp. 242-452. Cambridge University Press, Cambridge.

Ward, T. and B. Phillips. 2008. Ecolabelling of seafood : the basic concepts. *In* (Ward, T. and B. Phillips, eds.) Seafood Ecolabelling : Principles and Practice. pp. 1-37. Willey-Blackwell, Iowa.

I
「認証」を受けることの意義

第1章
国際資源管理認証の機能と歴史
—— 認証リテラシー

大元鈴子

　国際資源管理認証とそれに付随するエコラベルは，消費者にとってたいへん身近な選択肢となり，また多くの企業にとってはビジネスの一部となってきた．エコラベルは，一瞬の判断を可能にするシンプルなものであるがゆえに，表示されるメッセージは少なく，どのような仕組みのもとに持続可能性が担保されているのかは明示されていない．ここでは，資源管理認証にかかわる生産者や消費者が認証を使いこなすために必要な知識や情報を「認証リテラシー」とし，認証リテラシーを高めるために必要な知識として，資源管理認証の基本的な仕組みを解説し，認証制度とエコラベルが，どのように機能しているのかを説明する．また，国際的な認証制度の歴史を振り返りながら，だれがどのような背景で多様な認証制度を設立し，それがいかにしてさまざまなステークホルダーをつなぐ機能を備えるに至ったのかを解説する．

1.1 資源管理認証制度の基本

(1) 製品や生産活動にかかわる「目に見えない」問題と価値を伝える概念

　現在，流通している生産物が生産される現場と消費地との距離は，地理的にも，感覚的にも，そして関係性においても乖離している．そのため，生産活動にかかわる環境問題は，複雑な流通経路をたどるうちに無視できるようになり，同時に生産物が持つさまざまな価値もまた，手元に届くときには薄れてしまっている．とくに，環境への負荷もしくは配慮といった，目に見えない問題と価値（intangible problems and values）を，国際市場で取引される生産物に含有させて流通させることは，現在の主流な流通経路では不可能

である．このような目に見えない問題と価値を可視化するための試み（概念）は以下のように整理することができる．

　まず，生産と流通過程がどのような地球規模の環境問題に関与するかを「つなぐ概念」として，フードマイレージ，仮想水，カーボンフットプリントなどがある．

　フードマイレージ（またはフードマイル）は，食糧の輸送の際に排出される二酸化炭素が地球温暖化に与える影響を減らすため，なるべく近くで生産されたものを消費することを促すものである．食糧の重量×輸送距離＝フードマイルによって算出する．これは，地産地消（生産地と消費地の距離が短いこと）を推奨するために，イギリスの大学教授によって提唱された概念である．

　仮想水（virtual water）は，海外で生産された食糧を輸入するとき，生産国で使用した水の量を消費国の使用量として仮想的に積算することで，経済活動の自然資源への依存度を，「水」という尺度で測る概念である．仮想水は，輸入食糧に頼っている国や，開発途上国からの安価な食糧を大量に輸入する先進国で多くなり，また食糧の種類（たとえば牛肉は，灌漑を使用して生産された穀物を与えて生産されるため水の消費が多くなるなど）によっても変わる．世界的な淡水資源の枯渇を鑑みて提案された概念である．

　カーボンフットプリントは，温暖化の原因となる二酸化炭素の排出量を「見える化」するための概念として広く使われており，1つの商品が原料の生産，製造，包装，輸送を経て廃棄されるまでに排出された二酸化炭素量を，カーボンラベルとして，商品やサービス（航空券など）に表示するなどの方法で利用されることもある．

　上記のような「つなぐ概念」は，その商品やサービスを購入することが，どのくらい環境に負荷を与えているかを可視化するために使用される．一方で，環境への配慮や生産物の正当な価値といった生産者の努力を伝える手法として，本書で扱う認証制度がある．

　現在，世界中で利用される認証制度には，さまざまな種類がある．たとえば，ISO（国際標準化機構；International Organization for Standardization）によるさまざまな規格は，おもに工業分野の国際規格に対する認証であるし，フェアトレード認証は，とくに開発途上の国々において生産される産物を公

平(フェア)な交易条件のもとで,生産者の権利を保証するパートナーシップを通じて購入する仕組みのことである.「オルタナティブ(代替の)貿易」とも呼ばれ,生産者に対する買いたたきをなくし,生産物を正当な関係・対価をもって流通させるための仕組みである.環境に関する認証制度は,生産における環境への配慮を流通・消費の現場に伝える役割を担う.環境への配慮は,多くの場合,製品の味や品質には反映されないため,伝えることがむずかしい.そのような情報を,認証制度により確認し,エコラベルを通じて伝えることが目的である.環境負荷というコストを内包(internalize)し,流通や消費の現場の多様な主体がコストを分担することにも役立つ.認証制度は代替的フードサプライチェーン／ネットワーク(alternative supply chain もしくは network)と呼ばれる一連の生産・流通・消費経路を構築するものでもある.

このように,「つなぐ概念」が問題への関与を可視化する一方で,認証制度は,環境や社会への配慮を可視化することで,サプライチェーンを通してその努力を共有・褒賞しながら,生産-流通-消費に関する問題の解決へと市場を動かすことを目的としている.本書のテーマである「国際資源管理認証」は,世界的に広く活用されている認証制度であり,特定の資源(森林,水産,農作物)の環境的・社会的に持続可能な利用を目指す取り組みである.

(2) ボランタリーな環境基準としての国際資源管理認証

つぎに,国際資源管理認証の法的拘束力について触れておくと,国際資源管理認証(以下,資源管理認証)はまったくの任意(ボランタリー)の仕組みであり,基本的に強制力はない.環境問題の解決を目指す取り組みには,国などが定める法律や規制といった公的な強制力のあるものと,任意の取り組みである資源管理認証のような仕組みがある.また,前者は環境に負荷を与える活動を罰するのに対し,資源管理認証は,環境に負荷を与えていない(最小限にする)という努力を褒賞し,それを周囲,とくに生産物のサプライチェーンへ周知する仕組みである.任意の意思による参加を基本とする仕組みではあるが,資源管理認証が広く利用される林業や水産業に関しては,「市場を通じた国際ガバナンス(=管理)」としての地位を確立したといっても過言ではない.国際的に流通し,同時に環境への負荷も国際的な広がりが

ある資源については，国レベルのみでの規制では，その解決がむずかしいため，国際的に適用が可能な資源管理認証が広く活用されるようになったという背景がある．そのような役割を担うことになった資源管理認証は，「政府ではない市場に駆動された権威」（non-state market-driven authority）による管理（Cashore *et al.*, 2004）と呼ばれる．資源管理認証は国境を越えた資源管理の仕組みとして，大手消費財メーカーや大手小売り企業など国際的に展開する企業にとくに広く利用されている．市場原理を利用した環境問題の解決方法（市場原理を利用した仕組み；market-based mechanism）である資源管理認証を企業が広く活用している背景には，これらの認証が信頼性を担保する仕組みを備えていることがある（序章参照）．

(3) 第三者認証とは

認証制度は，基準への準拠を審査する主体とそのプロセスの違いによって分類することができる．審査を行う主体の独立性と審査プロセスの透明性を確保する方法の違いといいかえることもできる．本書で扱う国際資源管理認証は，さまざまな資源を対象とした，それぞれ独立した制度であるが，すべて「第三者認証」（third-party certification）である．国際レベルで利用される認証の多くが，この第三者認証の仕組みを採用している．第三者認証とは，第三者機関による審査にもとづく審査・認証の仕組みを備えているという意味である．英語の party には，当事者や関係者という意味があるが，第一者（first-party）と第二者（second-party）が当事者とされ，第三者（third-party）は非当事者，つまり利害関係から独立した立場であるという意味である．認証制度においては，第一者は，売り手（生産者）であり，第二者は買い手，そして，第三者が審査を担当する認証機関ということになる．以下に認証制度における第一者認証から第三者認証の一般的なカテゴリーを示す．

①第一者認証制度（first-party certification scheme）

会社や生産者が，自分たちが目的とする項目についての基準を自分たちで定め，その遵守を自分たちで審査すること．内部監査や自己申告などがこれにあたる．

②第二者認証制度（second-party certification scheme）

組合や協会のような業界団体がその会員（企業・個人）の製品を，もしく

は小売りがそのサプライヤーの製品を，基準を定めて審査すること．基準に対する審査は，内部機能の利用もしくは外部機関を雇って行う．取引という関係にある二者間における審査である．

③第三者認証制度（third-party certification）

第三者認証では，審査基準は外部の独立した団体により設定される．また審査を行うのは，基準設定者からも独立した第三者機関で，多くの場合，認証審査を行うための認定を受けている（勝手に基準を使用して認証審査を行い，認証を与えることはできない）．この第三者機関は，取引関係にはない，まったくの独立した機関である（Busch, 2011）．

第三者認証制度がその他より優れているということではなく，その認証の目的や審査対象となる活動によって，その用途は違ってくる．しかしながら，本書で扱う資源管理認証は，対象資源が世界中で広く取引されるという特性から第三者認証制度にもとづいている．また，第三者認証を採用する資源管理認証の多くが，認証機関の審査能力の審査・認定を「認定機関」（accreditation body）と呼ばれる機関に委託している．これにより，認定を受けた認証機関のすべてが，中立で一定水準以上の審査能力を有することが担保されている．

(4) エコラベルとは——瞬時の判断をサポートするツール

日常の買い物では，消費者は限られた時間のなかで，いくつもの商品について選択をしている．消費者は，ある程度の精度（ヒューリスティック）で自分の求める品質や性質を持つ商品が購入できることを求め，多くの商品について，日常的に購入する特定のブランドが決まっている．そのため，多くの商品パッケージ上の情報は，無視されるか，内容をとくに意識されないままに読み飛ばされる．ヨーロッパで行われた調査によると，スーパーでの買い物客の40％が，1つの商品を選ぶのに15秒しかかけていない（Grnert, 2011）．商品に表示されるエコラベルは，製品を購入する人の選択をサポートするツールである．しかしながら，たとえば，食品に表示されるエコラベルの場合，購入者は，品質・値段・添加物など，その他の情報と合わせてエコラベルの意味を検討することになる．エコラベルのチェックに費やす時間は，ほとんどないといってもよいだろう．したがって，エコラベルには，瞬

時にそのラベルの意味を消費者に伝えることが求められるし，多くの情報がなくてもそのエコラベルが信頼に足るものであることが保証されている必要がある．

エコラベルの貼られた製品は，それが認証を受けた原料を使って生産されたことを保証し，生産における環境への配慮を，サプライチェーンを通じて最終消費者にまで伝える役割も担う．かりに原材料が厳しい審査の結果，認証を取得したとしても，流通のどこかの段階で，非認証のものが混在してしまうと，消費者が自信を持って「環境に配慮された製品」を選ぶことができなくなる．そこで，資源管理認証制度は普通，生産段階（または天然資源の捕獲段階）の認証基準と審査プロセスのほかに，流通段階の認証基準と審査のプロセスをあわせ持っている．

資源管理認証により認証を受けた製品にエコラベルを表示するには，CoC (Chain of Custody) 認証（FSC, MSC, PEFCの場合）やSCCS(Supply Chain Certification System) 認証（RSPOの場合）と呼ばれる，流通・加工における認証が必要となる．これが，生産過程認証を受けた原料が，流通や加工の段階で非認証のものと混ざることを防ぐための認証である．基本的には，エコラベルが表示された製品から，流通・加工，原料生産地までさかのぼることを可能にする，トレーサビリティのための審査の仕組みである．

通常，エコラベルと呼ばれるものは，第三者による複数の基準に対する審査により付与されるもので，自己申告によるラベルや製品の性質を表示するようなラベルとは区別される（ISO）．

1.2 国際資源管理認証の歴史

エコラベル，もしくは環境に配慮した生産活動を伝えるためのロゴマークとしては，世界で最初の有機農業ロゴマークとして，Demeter (1928年-) があり，また国レベルでの世界最初のエコラベルには，ドイツのBlue Angel (1977年-) がある．このように，エコラベルは有機農業においてはかなり古くから，またその他の環境に関するものは1970年代から，活発に活用され始めた．そして，国際的な資源管理を目的とした認証制度とエコラベルプログラムは，90年代初頭に登場する．これは営利企業と環境NGOと

の関係が大きく変わった時期と同じである．1992年にブラジルのリオ・デ・ジャネイロで開催された地球サミット（環境と開発に関する国際連合会議）で採択されたアジェンダ21には，以下の文章が盛り込まれている．

4.21. Governments, in cooperation with industry and other relevant groups, should encourage expansion of environmental labelling and other environmentally related product information programmes designed to assist consumers to make informed choices.
（政府は，産業とその他の関係する団体との協力により，消費者のインフォームド・チョイス［理解したうえでの選択］を補助するように設計された環境ラベルとその他の環境に関連する製品情報プログラムの発展を促進しなければならない；筆者訳）．

　地球サミットの翌年，1993年に設立されたFSC（Forest Stewardship Council；森林管理協議会）は，国際NPOとして，持続可能な森林の利用と管理を目的とする認証とエコラベルの制度である．FSCが大いに注目されたのは，往々にして森林の利用と管理をめぐっては対立関係にあった企業と環境NGOが協働で設立したことであり，この企業とNGOの新たな協働（Business-NGO Partnership）の方法は当時としては革新的なこととして歓迎されると同時に，批判も受けた．80年代に，とくにアマゾンにおける熱帯雨林の伐採が一般にも広く知られるようになった．当初，NGOと企業の関係は，営利を追求する企業の環境破壊を助長する活動にNGOが抗議（ロビー活動）するのが一般的であった．しかしながら，NGOは90年代初めに，森林の持続可能な利用に向けたロビー活動と政府の森林利用に関する規制を待つのみの取り組みに限界を感じ，企業との協働を開始する（Murphy and Bendell, 1999）．企業側は，市民社会からの批判が企業活動に響くことを恐れており，無責任な森林伐採に加担していない「証拠」を抗議者，消費者，メディアにアピールする方法を必要としていた．そこで，NGOと企業両者の目指すところが一致し，適切に管理された森林とそこからの製品を確実に識別するための仕組みとしてのFSC認証制度が始まったのである．このようにして「持続可能な森林の利用を環境認証とエコラベルによって担保する

仕組み」(大元, 2014) が確立されたのである.

今ではさまざまな環境保全の場面において目にするこの企業とNGOの協働は，加害者と抗議者が一緒に活動するということから，グリーンウォッシング (greenwashing) だとする批判も大きかった．グリーンウォッシングとは，ホワイトウォッシュ (whitewash；白く塗りつぶす，転じて都合の悪いことを隠すこと) をモデルにした造語で，環境配慮をしているように見かけだけ装うという意味で，通常，企業の環境対応やCSR (Corporate Social Responsibility；企業の社会的責任) に対する批判として使われる．FSCのケースでは，企業のグリーンウォッシングを批判する側のNGOが企業と手を組んだ，として批判を受けた．ここでいうNGOとは，世界最大の自然環境保護団体の1つである世界自然保護基金 (World Wide Fund for Nature；以下，WWF) のことで，本書で取り上げるその他の認証制度の設立にも大きくかかわっている．ここでは，名称の類似するFSC, MSC, ASCについて，その設立の背景を説明する．

複数の企業とWWFの協働のもとで，FSCは，前述のとおり1993年に設立された．ちなみにFSC, MSC, ASCはともに，設立後はWWFや企業からは完全に独立した非営利の国際団体として活動している．FSCは，1992年の地球サミットで森林減少の抑止に向けた合意がなされなかったことから，任意の制度として設立された経緯がある (FSCジャパン)．公的な措置が取られず，また林産物の不買運動でしか森林の減少を抑制できなかった状況への打開策として，当時は革新的な手段として認証が開始された．

FSCの成功モデルを水産資源の持続可能性について応用したのが，1997年設立のMSC (Marine Stewardship Council；海洋管理協議会) である．MSCの場合にも，企業とNGOの協働というスタイルは同じで，大手消費財メーカーのユニリーバとWWFにより設立された (1999年に両者から完全に独立)．当時，ユニリーバは，ヨーロッパにおける冷凍水産物の大きな市場シェアを持っており，水産物の安定的な供給，つまり持続可能な利用はそのビジネスモデルに不可欠であった．WWFは，資源をさまざまな国が利用する公海における持続可能な管理を実現し，また消費者の参加を可能にする仕組みとして認証制度を活用したわけである．MSCの設立が，認証制度の世界での広まりにとって重要だった点としては，水産物という食糧に対し

表 1.1 認証制度の成り立ちとガバナンス／仕組みにおける進化（本書に登場する資源管理認証と関連事項）．

年	認証制度の設立とその他関連する事柄	ガバナンス／仕組みにおける進化
1928	Demeter 認証（有機農業）設立	世界初の環境配慮（有機農産物）ラベルの登場*．
1972	IFOAM（International Federation of Organic Agriculture Movement）設立	国際レベルでの有機農業の（認証制度含む）ネットワークの形成．
1978	Blue Angel 認証（ドイツ）開始	世界初の国家（連邦環境庁）によるエコラベル制度の登場．
1980	IFOAM による国際基準の設定	国際レベルで共通の（有機農業）基準の登場．
1992	地球サミット（リオデジャネイロ）	国別の規制中心の資源管理から，世界的な協働や環境に関するラベルや情報を使った取り組みへの移行を促す．
1993	FSC（Forest Stewardship Coucil；森林管理協議会）設立	国際的な資源管理（森林）のための認証制度．環境NGO（WWF）と営利企業との協働．
1995	Naturland による有機水産物認証基準（コイ）の導入	その他魚種についても順次導入． ・サーモン（1996 年）． ・イガイ（1999 年）． ・トラウト（2000 年）． ・エビ（2001 年）．
1997	MSC（Marine Stewardship Council；海洋管理協議会）設立	WWF とユニリーバにより設立．FSC 認証をモデルに，天然漁獲漁業の漁業制限と生態系への影響に関する基準を設定．食糧となり，また所有権の曖昧な資源に対する資源管理の手法として登場．
1999	PEFC（The Programme for the Endorsement of Forest Certification；PEFC 森林認証プログラム）	各国・地域で策定された森林認証制度を国際的に共通するものとして相互承認する団体．
2002	ISEAL（International Social and Environmental Accreditation and Labelling Alliance；国際社会環境認定表示連合）	持続可能性の担保を目指す認証制度の質や基準の有効性の向上を監督する国際的な組織．認証制度を運営する団体が加盟する．
2004	RSPO（Roundtable on Sustainable Palm Oil；持続可能なパーム油のための円卓会議）	ラウンドテーブル（円卓会議）方式による認証基準の策定と制度の運営．パーム油産業をめぐる 7 つのセクターの関係者（パーム生産者，搾油業，環境 NGO，社会 NGO，銀行・投資家，小売業，消費財メーカー）の協力のもとで運営されている．
2005	FAO（国際連合食糧農業機関）による水産エコラベルのガイドラインの発行	国際連合機関による任意のエコラベルに対するガイドライン「海洋漁業からの漁獲物と水産エコラベルのためのガイドライン」（Guidelines for the ecolabelling of fish and fishery products from marine capture fisheries）の発行．

| 2010 | ASC（Aquaculture Stewardship Council；水産養殖管理協議会） | WWFとIDHによる設立．認証基準は，魚種ごとに「アクアカルチャー・ダイアログ（水産養殖管理検討会）」と呼ばれるステークホルダーによる円卓会議で策定する． |

＊：Aschemann *et al.*, 2007 より．

ての制度であること，また，移動性の高い資源に対する制度であったことがあげられる．認証基準についても，それまでの水産物に対する認証制度と違い，漁業活動の生態系への影響までもスコープに入れた国際的制度として初めてのものであった．

　WWFがその設立にかかわり，stewardship councilの名前を冠する認証制度がもう1つある．ASC（Aquaculture Stewardship Council；水産養殖管理協議会）である．ASCは，持続可能な養殖水産物に対する認証とエコラベルの制度で，2010年に設立された．設立にあたっては，WWFとオランダの持続可能な貿易を推進する団体であるIDH（The Dutch Sustainable Trade Initiative）が協働している．MSCが，基本的には1つの認証基準によってさまざまな漁業を審査するのに対し，魚種ごとの認証基準を関係者によるダイアログで策定するところが，養殖水産物に対するASC認証の新しさである．表1.1に，本書に登場する資源管理認証の設立年と仕組みの進化，また関連する制度についてまとめた．認証が広く使われるようになった90年代からの資源管理認証制度のガバナンスの進化を追うと，さまざまな工夫により利害関係者が集まる場の設定をし，経済的つながりのみの国際市場の仕組み（チェーン型）を，資源管理にかかわるさまざまなステークホルダーの参加を促す仕組み（ネットワーク型）へと再編成してきた工夫を見て取ることができる．

1.3　信頼性（credibility）とアクセシビリティ（accessibility）

　国際資源管理認証にとって，その利用者（認証取得者）を増やし，基準に則って管理された資源の持続可能な利用がなるべく世界中に広がることが目的であることはいうまでもない．そして，認証を取得した資源からのエコラベル製品が市場に流通し，消費者に優先的に選択してもらうことにより，認

証取得者のインセンティブが生まれ，継続的な認証プログラムへの参加が期待できる．

認証取得者数を増やすのであれば，認証基準は緩いほうが門戸が広くなるが，緩い認証基準を採用すると，環境的な貢献が不確実になり信頼性の低下を招く．認証製品を取り扱う企業や消費者，また環境団体などから，グリーンウォッシュだとして批判にさらされることにもなる．

資源管理認証は，認証対象者からのアクセシビリティの向上と認証製品利用者の信頼性の向上を同時に実現するというジレンマを抱えており，制度の改善や認証基準の改定は，この2つの両立を目指して行われる．この節では，とくに水産資源に対する認証制度を例にとり，国際資源管理認証が，アクセシビリティと信頼性獲得のバランスをどのようにして取ろうとしているかを見ていく．

(1) Credibility ——基準と審査の透明性の確保

認証根拠と結果の明示

多くの国際資源管理認証では，審査の基準は公開されており，なにが審査の対象なのかを確認することができる．基準の策定方法も，専門家による策定，ステークホルダーからの意見の集約など，認証制度ごとに透明性を上げる努力がなされている．そのなかでもとくに，第4章で取り上げるASC認証では，魚種ごとに「水産養殖管理検討会」と呼ばれる会議を通して，認証基準が策定されるが，これには専門家のみならず，養殖従事者や小売りなど，さまざまなステークホルダーが参加し，定量的で客観的に測定することのできる基準がつくられる．つぎに審査過程については，たとえば，本書の第5章と第7章で扱うMSC認証は，持続可能な漁業のための認証制度とエコラベルプログラムであるが，水産物という資源の特性上，資源の持続可能な利用を証明するのは非常にむずかしい．また，資源の「所有権」についても，広い範囲を回遊する魚種などはとくに国際的な調整が必要となる．MSCでは「持続可能な漁業のための原則と基準」において持続可能な漁業の定義がされている．この基本的な基準に沿って，「MSC漁業認証要求事項（FCR）」（とその付属文書）という文書で，評価指標と呼ばれる詳細な審査項目が設定されている．これらの基準や審査項目はすべてウェブサイトにて公開され

ており，だれでも内容を確認することができる．審査の経過や結果も，すべて公開されており，どの項目についてどの得点（60-100までの5点刻み）が，どのような根拠にもとづいて付けられたのかを知ることもできる．数値による得点付けは，各審査項目の審査結果を明確にし，認証取得時には，審査される漁業にとっての「証拠」となる．その点数を付けた科学的根拠も記載されており，ステークホルダーにとっても持続可能性の根拠を確認することができる．

　ステークホルダーによる審査への参加はたいへん重要な要素として，MSC審査のプロセスに組み込まれている．当該漁業のMSC審査に影響を受ける可能性があったり，関連する情報を持っている関係者は，ステークホルダーとして審査への参加が可能である．審査の過程は，逐次ウェブサイトで更新されるとともに，各段階でステークホルダーからのインプットの募集も行う．さらに，認証機関が選定した審査チームの構成も公開され，不適切（当該漁業と利害関係にある審査員など）でないかが一定期間問われる．審査結果の報告書ドラフトができた時点と最終的な審査結果が出たときに二度，ステークホルダーからの意見・情報を受け付ける仕組みになっている．ステークホルダーは認証機関の判断にまちがいや不服がある場合に，意見や情報を提供することができる．

　各認証制度の認証基準を，科学的検証法の進歩や社会的価値基準の変化などに合わせて改定することもまた，認証の信頼を担保するために重要である．たとえば，MSC認証の漁業審査が使用する規範は，これまでに二度の大きな改定を行っている．1998年に最初に発行されたFisheries Assessment Methodologyに，2008年の改定では，デフォルトアセスメントツリー（default assessment tree）を追加し，認証機関が均一の認証サービスを漁業クライアントに提供できるようにした．直近の2014年の改定では，認証基準の明確化や特別な魚種への認証基準の対応，また不法労働に関する社会的認証基準を初めて導入した．

(2)　Accessibility ── 認証制度への参加のしやすさの保証

　認証制度とエコラベル制度には，市場原理を利用した制度ゆえのジレンマがある．エコラベル付き製品の市場流通量を増やすためには，認証取得生産

者が増えたほうがよい．一方，生態系へのリスクを極限まで避けるのであれば，より厳格な高い基準を設定する必要がある．しかしながら，現実には，高いだけの基準では，より多くの資源管理主体からの参加を仰ぐことができず，エコラベルを添付して販売する商品の流通量を増やすことができない．世界中で同じ基準が適用される国際的な制度であるからこそ，必要となる調整もある．あまりに限定的な数値や管理方法による基準にすると，同じ手法を採用していない国や資源管理主体の認証審査を困難なものとするし，一方であまりに曖昧な基準では，厳格さに欠ける．また，資源管理の手法は日々更新される科学的な知見に応じて変化するべきで，資源の性質にもよるが，認証基準においても大小の更新が頻繁になされることになる．開発途上国や小規模生産者の制度への参加が可能となるような制度設計も必要である．小規模な生産者により構成されている資源を対象とした認証制度の場合には，金銭的，手続き的な負担軽減のために，グループ認証の仕組みを設けたり（FSC），先進国の企業による小規模生産者支援がされる場合がある（RSPO認証；第9章，第12章）．開発途上国や小規模な生産者においては，科学的なデータが十分にない場合がある．そのような場合，科学的根拠にもとづく認証審査においては，十分なエビデンスがないとして認証を受けられないことがある．どのような規模，地域の生産者にも認証審査へのアクセスを保証するために，特別な審査方法を提供する認証制度もある．ただし，認証費用という意味でのアクセシビリティについては，さらなる議論と工夫が必要とされている．

1.4 国際資源管理認証への批判

前述のグリーンウォッシュ批判のほかにも，国際資源管理認証に対する批判はある．資源管理認証は，現在の国際市場の需要と供給の関係を利用して，認証製品に対する需要を拡大し，資源の持続可能な利用を促進するのが目的である．しかしながら，資源管理認証は，グローバル・バイヤーのために監査とトレーサビリティを「制度化」することによって，彼らのリスクを減らすための方法だと指摘する研究者もいる（Belton *et al.*, 2011）．また，海外からの生産物や商品を扱う小売企業にとっては，自社の品質基準や環境基準

のみでは，確認のむずかしい部分における管理（トレーサビリティ）を「委託」し，品質保証にかかるコストを，認証を取得する供給側に転嫁しているという批判もある（Belton *et al.*, 2011）．資源管理認証は既存の流通形態に頼り続けることを意味し（Hatanaka *et al.*, 2005），量と価格に依存する流通を脱却することがむずかしいという指摘もある（Taylor, 2005）．それは，認証を取得していたとしても，小規模生産者や開発途上国の生産者が不利になることを意味する．そして，認証製品の主流化は，認証を取得していない生産者の市場からの締め出しにもなる．実際に，大手小売りのなかには，期限内に認証の取得を生産者に求めるケースもあり，小規模ながらも持続可能な生産活動を行う生産者にとっては死活問題となる．資源管理認証のなかには，エコラベル添付製品の原料の 100% が認証資源でなくてもよいとする基準を採用しているものもあり（第 8 章にくわしい），こちらについても環境 NGO を中心に批判がある．

「チョイス・エディティング」または「edited choice」という言葉がある．日本語でいうと「編集された選択肢」となる．政府，政策立案者，事業者などが，法律や税制，任意の規制などにより，市民の選択を編集するという意味で使われるが，この用語がエコラベル商品について使われる場合には，環境に配慮した製品のみが消費者に選択されるように，たとえば補助金を使ってより安く販売するといった意味となる．いくら環境に配慮したものが，優先的に選択されるべきであっても，その他の商品が勝手に選択肢から外されてよいものか，また，だれが環境によいものを決めるのかという議論もある．資源管理認証を受けた製品についても，大手企業の取り扱いのポリシーや公的な補助金を使用した認証取得に対して，同じような議論がある．

認証取得した生産活動がはたしてほんとうに持続可能で，資源の適切な回復を担保できているのかという問題も，長年にわたって議論されている．認証制度の運営団体は，認証基準の生態学的な有効性を検証する科学的論文を発表するなどして，その証明を試みている．また，認証取得後のさらなる持続可能な生産活動の向上へのインセンティブが低いことなども指摘されているが，期限を区切った改善の要請や，数年ごとの更新審査などで担保している制度が多い．

本章では，日常生活や企業活動において，たいへん身近なものとなった国

際資源管理認証の基本的な仕組み，特徴，歴史を「認証リテラシー」として紹介した．また，制度の信頼性とアクセシビリティを同時に向上することを目指した取り組みは，国際資源管理認証やその審査基準が，けっして恒常的に使用される完成されたものではなく，つねに更新と調整を行いながら展開していく取り組みであることを示している．国際資源管理認証に対するさまざまな批判からは，認証制度やエコラベルが，すべての資源利用にかかわる環境的・社会的・経済的問題を解決するものではなく，あくまで1つのツールとして適した場面での活用が期待されているといえる．本書は，生産者と生産拠点地域にとってのこの「適した場面」を議論することで，国際資源管理認証の新たな可能性を検討するものである．

引用文献

Aschemann, J., U. Hamm and S. Naspetti. 2007. The organic market. *In* (Lockeretz, W., ed.) Organic Farming : An International History. pp. 123-151. CAB International, Oxfordshire.

Belton, B., M. M. Haque, D. C. Little and L. X. Sinh. 2011. Certifying catfish in Vietnam and Bangladesh : who will make the grade and will it matter? Food Policy, 36(2) : 289-299.

Busch, L. 2011. Standards : Recipes for Reality. The MIT Press, Cambridge.

Cashore, B., G. Auld and D. Newsom. 2004. Governing through Markets : Forest Certification and the Emergence of Non-state Authority. Yele University Press, New Haven.

FSCジャパン．2015. https://jp.fsc.org/jp-jp/fsc12395123881235612390/fsc 123982750821490（2015年8月1日閲覧）

Grunert, K. G. 2011. Sustainability in the food sector : a consumer behaviour perspective. International Journal on Food System Dynamics, 2(3) : 207-218.

Hatanaka, M., C. Bain and L. Busch. 2005. Third-party certification in the global agrifood system. Food Policy, 30(3) : 354-369.

ISO. Environmental Labels and Declarations : How ISO Standards Help.

Murphy, D. and J. Bendell. 1999. Partners in Time? Business, NGOs and Sustainable Development. UNRISO Discussion Paper No.109, UNRISO.

大元鈴子．2014. 持続可能な漁業の要件――FAO海洋漁業からの漁獲物と水産物のエコラベルのためのガイドライン．日本水産学会漁業懇話会報，No.63. 日本水産学会．

Taylor, P. L. 2005. In the market but not of it : fair trade coffee and Forest Stewardship Council certification as market-based social change. World Development, 33(1) : 129-147.

第2章
国際資源管理認証をめぐるローカルとグローバル
―― 生産者が制度や仕組みを飼いならす

佐藤 哲

　林業資源や水産資源などの自然資源の利用を生業としてきた一次産業生産者は，地域の社会生態系システムのダイナミックな変容にさらされてきた．地域の生態系の劣化，生活スタイルや産業構造の変化などは，直接的または間接的に農業者，漁業者，林業者の生活にインパクトを与える．それだけでなく，経済のグローバル化，気候変動，環境保護意識の高まりなどの広域的な変化も，地域社会に容赦なく押し寄せる．生産者は，このような変化に柔軟に対応しながら自らの生活を維持すると同時に，生物資源の主たる利用者として，地域の生態系サービスの持続可能な管理を担っている（佐藤，2015）．国際資源管理認証の重要な機能の1つは，このような生産者による持続可能な資源利用をサポートすることである．本章では国際資源管理認証というチャンネルを介した地域とグローバルの相互作用を，とくに認証制度の基盤となる科学的知識の流通の視点から見ていくことにしよう．

2.1　ボトムアップの資源管理を支える知識基盤

(1)　生態系サービスの劣化

　地域社会を取り巻く陸域，淡水域，沿岸海域などの生態系は，人々の生活と福利の基盤となる多様なサービスを提供している．生態系が持つさまざまな機能のなかで，人間生活に不可欠な資源や機能を提供し，それが失われると大きな損失となるものを「生態系サービス」と呼ぶ（Costanza *et al.*, 1997；ミレニアム生態系評価，2007）．林産物や水産物などの生物資源は，そのなかでもとくに人間が生活の基盤として大規模に利用し，その恩恵を受

けているものである．しかし，人間の生産活動による大規模な土地利用の変化，流域や沿岸環境の改変，資源の過剰利用などを通じて，生態系サービスは全世界的に劣化しており，それが生物資源などの生態系サービスに依存する地域の林業者，漁業者だけでなく，自然資源の加工流通にかかわる多くのステークホルダー，さらにはこれらの生産物を日々の生活のなかで利用する消費者の生活を圧迫している．たとえば，世界の漁業の90％近くは過剰漁獲あるいは持続可能な限界まで漁獲されており，貴重なタンパク質源としての水産物の持続可能な供給が困難な状況が発生している（FAO, 2014）．

生態系サービスの世界的な劣化は，人口爆発，経済のグローバル化，気候変動など，共通の根本原因によって起こっている．しかし，劣化を抑えるための対策をグローバルレベルで推進することには，複雑な利害の調整や国際的な合意形成の困難がつきまとう．また，生態系サービスの劣化の現れ方は地域ごとの社会経済的な条件や文化的背景によって異なっている．たとえば，薪炭林としての利用が不可欠な開発途上国の森林が減少していくことと，管理放棄による日本の森林生態系の劣化は，問題の構造が根本的に異なっており，当然それぞれ異なる解決策が必要である．自然資源の劣化などの地域ごとに異なる原因に駆動される課題の解決には，それぞれの地域社会に固有の問題構造に即した，地域ごとの対策が必要不可欠であり，それが積み重なっていくことが，世界的な課題の解決ないし緩和に重要な役割を果たすと考えられる．とくに自然資源の持続可能な利用を実現していくためには，その直接の恩恵を受ける林業者，漁業者が中心となりつつも，加工流通関係者，行政などの管理機関，さらには一般の消費者まで含む，多様なステークホルダーがかかわる協働管理を行っていくための仕組みが必要である．

(2) 自律的な資源管理を支える知識基盤

多様なステークホルダーがかかわる協働管理のプロセスを効果的に駆動するためには，規則と規制によるトップダウン型の管理だけでなく，生産者を中心とした多様なステークホルダーの自律的な取り組みを促すボトムアップの仕組みが必要であり，公的な制度や仕組みはその弱点を補うかたちで設計されることが効果的であると考えられている（牧野，2014）．利害や関心がそれぞれ異なるステークホルダーが協働して自然資源の持続可能な管理，あ

るいは再生のための活動を行っていくためには，それを支えるさまざまな知識が必要である．たとえば，地域の自然資源の状況と資源利用の圧力，自然資源の動態に影響を与える生態系の現況，生産物の流通と消費の動向と，それに影響を与える社会経済的な要因などについて，学際的で総合的な知識基盤があることが，多様なステークホルダーによる効果的な活動の基盤である．それだけでなく，地域に固有の自然資源利用の歴史と文化的な背景，それぞれの地域社会で物事を動かすための意思決定の仕組み，人々が思い描いている地域の未来像などにかかわる多面的な知識も，実際の問題解決への取り組みのなかで重要な役割を果たす．

　このような知識基盤は，従来はおもに自然科学者，社会科学者などの専門家によって生産されるものと見なされてきた．漁業者，林業者など，地域の生産者や，科学者・専門家以外のステークホルダーは，このような知識を提供され，理解し，活用する側，つまり知識ユーザーと位置付けられるのが普通である．しかし，実際には科学者・専門家だけでなく，地域の自然資源に生活を通じて深くかかわってきたステークホルダーもまた，地域に固有の資源や生態系の特徴，自然資源利用の技術と文化的背景などにかかわる豊かな知識を持っている．このような知識（在来知）は，「伝統的生態学的知識（Traditional Ecological Knowledge；TEK）」，「地域的生態学的知識（Local Ecological Knowledge；LEK）」，「土着的知識（Indigenous Knowledge；IK）などに分類されている（Berkes, 1993；Stevenson, 1996；Johannes et al., 2000）．最近ではこのような在来知の体系の重要性に対する認識が深まり，総合的かつ実践的な知識基盤を構築するために，科学知を補完するものとして重視されるようになっている．

(3) 国際資源管理認証を通じた科学知の流通

　国際資源管理認証（以下，資源管理認証）は，森林資源や漁業資源の持続可能な利用の実践を，強固な科学的な基準にもとづいて評価し，その基準を満たしたものだけにエコラベルの使用を認める仕組みである．代表的なものに海洋管理協議会（Marine Stewardship Council；MSC），森林管理協議会（Forest Stewardship Council；FSC），水産養殖管理協議会（Aquaculture Stewardship Council；ASC）などがある．これらはいずれも，林業や水産

業などの産業界や行政からは独立した中立の第三者組織が，科学的基準にもとづいた公平で透明性の高い審査を行うことが特徴で，審査基準には資源や生態系の動態や利用圧力などに関する自然科学的な要素だけでなく，社会的・経済的な公平性や法的あるいは慣習的な権利の尊重などの社会科学的な要素が含まれており，これらがエコラベルの信頼性を担保している（MSC, 2010; FSC, 2012）．

　林業者や漁業者が認証を取得しようとする際には，認証基準で求められている要素についての多面的かつ総合的な知識基盤が要求される．いいかえれば，これらの科学的かつ総合的な知識を林業者・漁業者が科学者・専門家と協働して取り込み，活用することが必要とされる．しかも，そもそも認証取得に取り組むということは，認証制度の理念，考え方，科学的基準の意義，さらには生産活動の持続可能性と付加価値の付与に関するポジティブな効果について，これらの生産者が理解し，ある程度は納得していることを意味する．また，加工流通関係者が認証された生産物を扱おうとする，あるいは消費者が認証製品を購入しようとするときにも，資源の持続可能性についての多面的な知識が，流通加工関係者の活動や消費者の日々の生活のなかに流入する．したがって，これらの資源管理認証は，自然資源の持続可能な利用にかかわる理念や手法，その実現のための社会的な仕組みなどに関する多面的な知識を，生産から消費までのすべての現場に流通させる役割を担っている．

2.2　地域環境知の構造と機能

(1)　科学知と在来知の融合

　資源管理認証などの仕組みを介して総合的な科学知が生産現場や地域社会に流通するとき，その受け手と見なされてきた知識ユーザーのなかにも，豊かな在来知の体系がある．このような在来知もまた，地域の置かれた状況の変化や地域課題への取り組みのプロセスを通じてたえず新たに生産され，変容している．したがって，持続可能な資源管理を目指して国際資源認証の取得に取り組むという地域の主体的な活動のなかでは，科学者・専門家が生産する科学知と，人々が日々の生業と生活のなかで培ってきたさまざまな在来

知が相互作用し，さらに統合されて，人々の意思決定とアクションを支える知識基盤がダイナミックに生成されていると見なすことができる．このような知識基盤を，われわれは「地域環境知（Integrated Local Environmental Knowledge; ILEK）」と呼んでいる（佐藤，2014，2016; Sato, 2014）．

地域環境知は，科学者・専門家を含む多様なステークホルダーが，自然資源の協働管理などの困難な地域課題の解決を目指して協働するなかでダイナミックに生成，活用される，領域融合的（トランスディシプリナリー）な統合知である．地域環境知の生成プロセスは，解決を目指す課題に駆動される問題解決指向の知識生産であり，古典的な科学が探究してきた研究者の知的好奇心に駆動された知識生産とは大きく異なっている．このような知識生産は，科学者・専門家にとっては，多様なステークホルダーとの相互作用を通じて自らの専門領域を超えた多様な知の体系に接し，視野を拡大するための貴重な社会的学習の機会を提供する．また，科学者・専門家以外のステークホルダーから見れば，資源管理などの課題の解決に資する総合的な知識を獲得し，自らの課題の解決に活用することでその知識を内部化するための絶好の機会である．地域課題の解決への取り組みの現場における地域環境知の生産は，科学と社会の相互作用を介して，科学者・専門家を含むすべてのステークホルダーに，貴重な相互学習の機会を提供する知識生産プロセスである．

(2) 多様な知識生産主体

科学知と在来知が問題解決の現場で相互作用し融合して，地域環境知が生産されるプロセスでは，すべてのステークホルダーが知識生産者である．従来の科学者・専門家を知識生産者，それ以外のステークホルダーを知識ユーザーと位置付け，在来知は科学者によって科学知を補完するものとして活用されるという見方に立つと，人々の生活や生業のなかで生産される多様な在来知は，あくまで副次的な役割を果たすものと見なされる．しかし，科学と社会のダイナミックな相互作用を通じて生成，変容していく地域環境知の視点から考えてみると，科学者・専門家以外の多様なステークホルダーが生産する知識は，実際の問題解決への取り組みの現場では意思決定とアクションのための知識基盤の中心をなすものであり，地域環境知の生産と流通は，在来知の体系のなかに科学知が取り込まれ，活用されるプロセスと見なすこと

ができる.

たとえば，林業者や漁業者などの生産者は，生業を通じて自然資源の動態や生態系の変化について経験的知識を蓄積すると同時に，それを生産活動の現場に活用している．精密な因果関係の理解と高い予測性を期待できる知識や，資源の維持と増産に直結する有効な技術が生まれることもめずらしくない（佐藤，2015）．地方行政のなかで活躍する研究者や普及員，自然資源利用にかかわる地域企業，資源や環境の保全と管理を目指す市民団体やNGOのなかでも，自然資源とその基盤となる生態系の維持管理に役立つ多様な知識技術が育まれている．一般市民や消費者のなかからも，自然や環境にかかわるさまざまな市民調査，参加型調査を企画する，あるいはそれに参加する人々が現れている．従来の科学知と在来知という二分法を超えて，多様なステークホルダーによる異なる動機と関心に由来する多様な知識生産が相互作

地域環境知の構造

- 地域環境知
- 地域の課題解決に駆動される統合的知識
- ステークホルダーによる意思決定とアクションの基盤

企業・行政・特定の課題解決を目指す地域団体の知識

科学者・専門家・国際機関などによる科学知

在来知・土着的知識・民俗技術

市民調査・参加型調査による知識

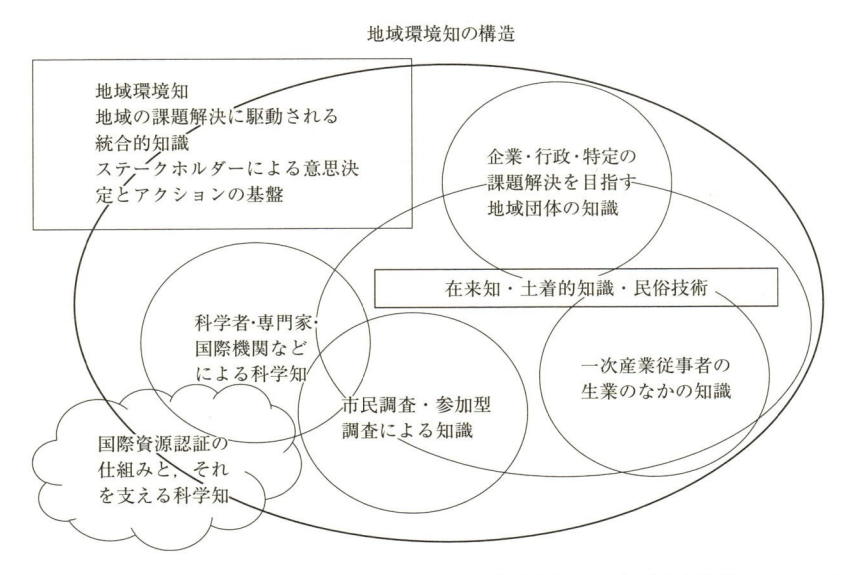

一次産業従事者の生業のなかの知識

国際資源認証の仕組みと，それを支える科学知

図 2.1 地域環境知は，科学者・専門家が生産する科学知と，さまざまな地域のステークホルダーによって生産される知識が，トランスディシプリナリー・プロセスを通じて相互作用し，融合して形成される知識基盤であり，ステークホルダーによる意思決定とアクションを支えている．資源管理認証の基礎となる知識体系は，認証制度を介して地域外から流入する統合的科学知と位置付けることができる（Sato, 2014より改変）．

用して，具体的な地域課題の解決に直結する視野の広がりと現実社会に対する適合性を備えた統合知としての地域環境知が生産され，活用されている（佐藤，2016）．資源管理認証はそのなかで，持続可能な資源管理に役立つ総合的な科学知を地域にもたらす外部のアクターと位置付けることができるだろう（図 2.1）．

(3) レジデント型研究

　科学者・専門家による知識生産のなかにも，従来の好奇心駆動型のスタイルとは異なる，課題駆動型で問題解決指向の知識生産が活性化している．世界各地の地域社会で，地域に長期にわたって定住し，地域のステークホルダーの一員として，地域社会が直面する課題の解決に役立つ知識技術の生産と，その地域環境知への統合を進める研究者が出現している．このような研究スタイルをレジデント型研究と呼び，レジデント型研究者を擁する地域の研究機関をレジデント型研究機関という（佐藤，2009）．

　レジデント型研究者は，1人の科学者・専門家として，地域課題の解決に資する知識技術を生産すると同時に，自らの研究者ネットワークを通じて地域社会が必要とするさまざまな分野の知識を地域にもたらす役割を担う．それに加えて，地域のステークホルダーの一員としてこのような知識技術を課題解決の現場で活用する知識ユーザーでもある．また，生活者としての側面では，地域の自然資源の利用にかかわるさまざまな伝統や文化，地域の自然や生態系に対する愛着や誇りを共有し，1人の市民として地域社会の未来にかかわる意思決定に参加する．このような複数の顔を持つレジデント型研究者は，従来の科学には希薄だった問題解決指向の総合研究を，地域の多様なステークホルダーと協働したトランスディシプリナリー・プロセスによって推進するために，最適な立ち位置にある．1人の市民としての立場がもたらす，多様なステークホルダーへの配慮と地域の慣習や固有の価値観への理解が加わって，頼りになる専門家，地域の目利きとしての信頼を獲得しているように見える．資源管理認証などの科学的基盤を持つ仕組みを地域のステークホルダーが活用しようとするときに，レジデント型研究者が重要な役割を果たしうることはまちがいない．

2.3　生産者から見た国際資源管理認証

(1)　科学的制度と地域からの活動

　国際資源管理認証は，全地球的な自然資源利用の持続可能性を，サプライチェーンを介した消費者による選択を通じて担保しようとする制度である．認証基準や手続きなどの仕組みは，グローバルなレベルの妥当性を担保するために国際的組織によって設計・運用されるが，実際にそれを資源管理の現場で活用するのは地域の林業者・漁業者などの生産者である．また，エコラベルが付与された商品を選択的に購入することで，持続可能な一次産業産品の生産と流通をサポートするのは，生活のなかでこれらの産品を利用する消費者である．このような仕組みは，グローバルな妥当性を担保する科学に支えられたトップダウン型の制度や仕組みを，地域社会や日常生活の現場で，サプライチェーンのなかの多様なステークホルダーが使いこなすという構造になっている．トップダウンのかたちでやってくる制度や仕組みを生かすも殺すも，地域の多様なステークホルダーの意思決定とアクションにかかっているのである．

　したがって，資源管理認証などのグローバルな仕組みや制度には，さまざまな地域社会の現実のなかで，認証制度のユーザーが使いやすいように配慮することが求められる．しかし，地域ごとに異なる状況すべてに対応した認証基準や手続きをつくることは不可能だし，そもそも制度設計以外のさまざまな要因が，認証制度の運用に影響する．認証制度を利用する生産者などのステークホルダーの立場から見ると，認証制度の意義や価値については納得していても，それを実際に活用するためにはさまざまな制約が発生しうる．たとえば認証費用が高額で生産規模に見合わない場合，持続可能な漁業によって生産される水産物が消費者の嗜好にうまく合致しない場合などがこれにあたる．トップダウンのかたちで地域社会に流れ込んでくる国際資源認証の仕組みを，ボトムアップの活動によって効果的に活用するための，制度のユーザー自身によるイノベーティブな取り組みが必要とされているのである (Thake and Zadak, 1997)．

(2) 国際的なラベルが意味するもの

　林業や漁業における持続可能な資源利用という価値は，生産者，消費者，加工流通関係者などの認証制度のユーザーにとって，必ずしも最優先されるものではない．資源を良好な状態に維持し，生態系を管理し，生産と消費を通じて持続可能な社会を構築することは，確かに長期的に見ればたいへん重要だが，現実の生産活動や生活の現場では，それよりもはるかに緊急で優先度が高い価値が無数に存在する．事業を維持するための収益の向上は，生産者にとって最優先で実現すべき課題だろう．財布の中身に見合った価格の生産物を選択することは，消費者にとって資源の持続可能性よりもはるかに切実である．したがって，持続可能な管理認証を促す仕組みには，社会の現実のなかで目に見える優先度が高い価値を提供する要素が不可欠である．

　資源管理認証が認証を取得した生産者にもたらす具体的な価値の1つが，国際的なマーケットへのアクセスである．林産物や水産物は，国際間での大規模取引が行われている．その是非はともかくとして，資源管理認証が急速に普及している先進国のマーケットでは，流通加工過程の企業が，認証の取得を原材料の調達方針のなかで義務付ける動きがある．たとえば製紙会社が原材料となるパルプの調達の際に生産地が認証を取得していることを推奨する動きは世界各地で活発になっているし，国際的な流通に依存する大手の水産加工・販売会社のなかにも認証取得を義務付けるものが現れている．認証の取得は，このようなマーケットにアクセスするための必要条件になりつつある．認証製品を選択する消費者にとっても，認証によってトレーサビリティが可視化されることは，製品に安全安心という新しい価値を付与する可能性がある．認証によって，このような切実でリアルな価値が付与されることが，多様なステークホルダーによる資源管理認証の活用を促すのである．

(3) 知識の双方向トランスレーター

　グローバルな制度を支える抽象化された科学的知識は，グローバルなレベルでは一般的な妥当性を持つが，個別の地域社会の問題構造にはそのままではあてはまりにくいという特徴がある．このような制度や仕組みを活用しようとする生産者の立場から見ると，確かに一般的に正しいことをいっている

のだが，地域の資源が置かれた現状では使いにくい，という状況が発生することは不可避である．一般的に妥当な仕組みを，その本来の機能を損なわずに，地域のなかで活用できるかたちに再構成して運用することが必要である．一方で，科学的知識に支えられた制度を使いこなすユーザーの側でも，そのままでは使いにくい仕組みを効果的に活用するための，さまざまなイノベーティブな取り組みが創発している．地域からのイノベーションをグローバルな制度設計や運用に活かしていくために，汎用性ある知識体系に翻訳して発信する作業も重要である．

　異なる知識体系の間のギャップを埋める役割を担うのが，知識の双方向トランスレーターである（Crosby et al., 2000；佐藤，2016）．双方向トランスレーターは，地域の課題の解決に役立つ可能性がある科学知を地域の実情に照らして翻訳すると同時に，地域のステークホルダーが生業の現場や日常生活のなかで培ってきたさまざまな知識を，科学の言語で広域的に発信する（図2.2）．科学者としての素養と視野を持つと同時に，ステークホルダーと

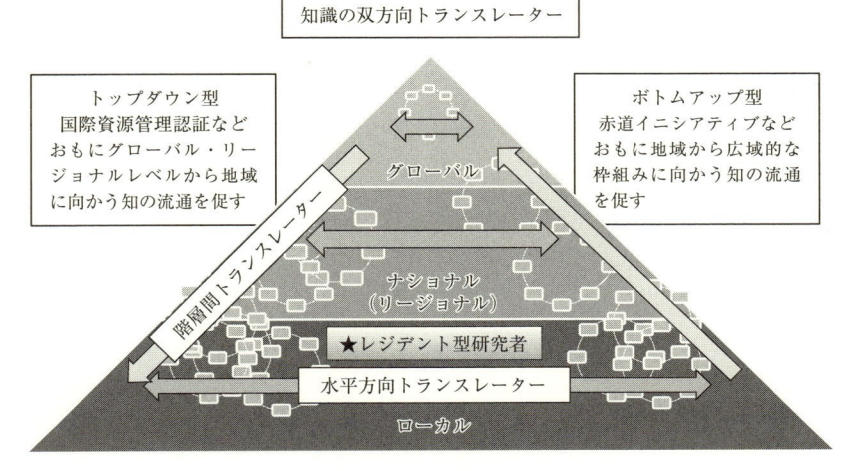

図 2.2　ローカルからグローバルに至るさまざまなレベルに，異なる（一部重なる）知識生産者と知識ユーザーのネットワークがある．水平方向トランスレーターが階層内，階層間トランスレーターが異なるスケールレベル間の知識の流通を担う．資源管理認証などはトップダウン型，UNDPによる赤道イニシアティブなどはボトムアップ型の双方向トランスレーターに分類される（佐藤，2015より改変）．

して地域の知識体系や価値，世界観を共有するレジデント型研究者は，知識の双方向トランスレーターとしての機能を持つことが多い（佐藤，2014）．資源管理認証という仕組み自体も，自然資源の持続可能な管理を推進するための科学的な仕組みを，現場の生産者や消費者の視点から再整理するトランスレーターと位置付けることができる．資源管理認証のような広域的・一般的な知識体系を，地域の生産者や消費者が活用しやすいかたちに再構築するトランスレーターは，トップダウン型に分類できる．これとは逆に，地域に固有の資源管理の実践から普遍的な知識を抽出する作業を行うのが，ボトムアップ型のトランスレーターである．世界各地の優れた地域づくりの活動を顕彰する赤道賞の受賞事例を分析して，地域を活性化するためのレッスンを抽出した国連開発計画の赤道イニシアティブなどがそれにあたる（UNDP, 2012）．資源管理認証は，知識の双方向トランスレーターとして，生産者や消費者による科学知の活用をサポートする役割を果たしている（佐藤，2016）．

2.4 地域と世界をつなぐ

(1) 地域のための国際認証

国際資源管理認証は，グローバルレベルで自然資源の持続可能な管理を実現することが，その第一義的な機能である．しかし，資源管理のための具体的な取り組みを実施するのは地域の生産者であり，その生産者の取り組みを，消費行動を通じてサポートするのは消費者である．認証制度を活用する主役である生産者や消費者が，資源管理を通じて不利益や不便をこうむるようなことはあってはならない．資源管理認証の運用にかかわる知識生産の過程には，生産者や消費者などと協働したトランスディシプリナリー・アプローチを通じた，多様なステークホルダーの立場や価値，制約に対するきめ細やかな配慮が不可欠である．資源管理認証の双方向トランスレーターとしての機能もまた，知識のユーザーである生産者や消費者への配慮を基盤としている．

地域の生産現場で持続可能な資源管理を担う生産者にとって，資源管理認証というグローバルな仕組み自体が持つトランスレーション機能は，個々の

現場の実情に対応できる十分にきめ細かな知識を提供できるとは限らない．より現場に近い立ち位置，たとえば地域のレジデント型研究者の立場から，地域の自然資源の現状や具体的な資源管理の手法などの知識を収集整理して，生産者の意思決定とアクションをサポートできるローカルレベルのトランスレーターの存在が，日々の資源管理の実践にきわめて効果的だろう．より広域的なマーケットや流通にかかわる知識，資源管理に影響を与える広域的な生態系の変動や資源の動態にかかわる知識をたえずアップデートできる広域レベルのトランスレーターも，中長期的な戦略の策定と実施に役立つだろう．資源管理認証が効果的に地域の生産者による自然資源管理をサポートするためには，グローバルレベルだけでなく，広域レベルから足元のローカルレベルまで，複数のトランスレーターがそれぞれ異なる立ち位置から重層的に地域の生産現場にかかわることが効果的と考えられる．

(2) 科学者・専門家を使いこなす

　林業や漁業が利用する生物種は，複雑な生態系の構成要素であり，生態系のふるまいには科学的な不確実性がともなっている．それに加えて，自然資源の利用にかかわるさまざまなステークホルダーが複雑に絡み合う複雑系を，社会生態系システムという（Glaser *et al.*, 2008）．さまざまな立ち位置の双方向トランスレーターが，資源管理認証をめぐって重層的に知識のトランスレーションを行うだけでは，生産者が複雑な社会生態系システムのなかで資源管理を実現するための知識基盤を提供するには十分とはいえない．つぎつぎと立ち現れる予測困難な課題に生産者が対応していくためには，課題の解決に必要なありとあらゆる知識を総動員して，地域環境知に統合する必要がある．このような統合的な地域環境知の生産と流通は，少数のレジデント型研究者，トランスレーターとステークホルダーの協働だけで実現できるわけではない．複雑な地域の社会生態系システムのふるまいのなかで発生するさまざまな課題に駆動された問題解決指向の地域環境知の生産流通には，広範な知識生産者のネットワークが必要である．

　地域の生産者と密に連携するレジデント型研究者・トランスレーターは，科学者・専門家として，それぞれの研究者ネットワークを持っている．このネットワークを通じて，地域課題の解決に意欲を持ち，有効な知識技術を地

域にもたらすことができる多様な研究者を招き入れ，使いこなすことが，生産者による資源管理認証の活用を通じた持続可能な資源管理の実現に効果的である．一方で，困難な地域課題に駆動された統合的な知識生産にかかわることは，狭い専門分野に閉じこもりがちな科学者・専門家にとって，視野を拡大し，研究の幅を広げる絶好の機会を提供する．地域の林業や漁業の生産現場における科学者・専門家と生産者を中心とした多様なステークホルダーの協働によるトランスディシプリナリー・プロセスは，地域環境知の共創を通じて，すべての関与者の社会的学習の機会となる（佐藤，2016）．

(3) 広域的なつながりをつくりだす

国際資源管理認証が生産者によって飼いならされ，活用されるプロセスでは，トランスディシプリナリー・プロセスを通じて生産される多様な科学知が，双方向トランスレーターの働きによって地域環境知に取り込まれ，資源の持続可能な管理のための知識基盤として，多様なステークホルダーの意思決定とアクションをサポートする．知識の双方向トランスレーターは，このような地域の生産者の実践の価値を共通の言語に翻訳し，広域的な共有を促すこともできる．このプロセスがうまく機能すると，各地の生産者が知識を共有し交流しながら相互に学び合うためのネットワークが構築できる可能性がある．林業者や漁業者は，これまでそれぞれの地域社会でクリエイティブな資源管理の実践を積み重ねてきたが，それはどちらかといえば孤立した実践にとどまる傾向が強かったように思える．資源管理認証というチャンネルを介して，認証取得者の広域的・国際的なネットワークが構築され，それが認証制度という共通の基盤を通じて，知識の流通と交流のプラットフォームとして機能すれば，グローバルレベルでの自然資源の持続可能な管理の実現という困難な課題の解決に向けた，大きな一歩となることだろう．このようなプラットフォームを通じて，各地で培われてきた自然資源管理にかかわる地域環境知が広域的に流通し，国際的な制度や仕組みの設計と運用にかかわる主体にフィードバックされることで，資源管理認証という制度や仕組み自体も成熟し，さらに実効性のあるイノベーティブな仕組みへと進化していくことを期待したい．

引用文献

Berkes, F. 1993. Traditional ecological knowledge in perspective. *In* (Inglis, J. T., ed.) Traditional Ecological Knowledge : Concepts and Cases. pp. 1-10. International Program on Traditional Ecological Knowledge and International Development Research Centre, Ottawa.

Costanza, R., R. d'Arge, R. de Groot, S. Farber, M. Grasso, B. Hannon, K. Limburg, S. Naeem, R. V. O'Neill, J. Paruelo, R. G. Raskin, P. Sutton and M. van den Belt. 1997. The value of the world's ecosystem services and natural capital. Nature, 387 : 253-260.

Crosby, M. P., K. S. Geenen and R. Bohne. 2000. Alternative Access Management Strategies for Marine and Coastal Protected Areas : A Reference Manual for Their Development and Assessment. U.S. Man and Biosphere Program, Washington, D. C.

FAO. 2014. The State of World Fisheries and Aquaculture : Opportunities and Challenges. Food and Agriculture Organization of the United Nations, Rome.

FSC. 2012. FSCの原則と基準［第5版］. Forest Stewardship Council, Bonn.

Glaser, M., G. Krause, B. Ratter and M. Welp. 2008. Human/nature interaction in the Anthropocene : potential of social-ecological systems analysis. Gaia, 17 : 77-80.

Johannes, R. E., M. M. R. Freeman and R. J. Hamilton. 2000. Ignore fishers' knowledge and miss the boat. Fish and Fisheries, 1 : 257-271.

牧野光琢．2014．コモンズとしての海洋生態系と水産業．（秋道智彌，編：日本のコモンズ思想）pp. 213-229．岩波書店，東京．

ミレニアム生態系評価（横浜国立大学21世紀COE翻訳委員会訳）．2007．生態系サービスと人類の将来．オーム社，東京．

MSC. 2010. MSC漁業基準――持続可能な漁業のための原則と基準．Marine Stewardship Council, London.

佐藤哲．2009．知識から智慧へ――土着的知識と科学的知識をつなぐレジデント型研究機関．（鬼頭秀一・福永真弓，編：環境倫理学）pp. 211-226．東京大学出版会，東京．

佐藤哲．2014．知識を生み出すコモンズ――地域環境知の生産・流通・活用．（秋道智彌，編：日本のコモンズ思想）pp. 196-212．岩波書店，東京．

Sato, T. 2014. Integrated local environmental knowledge supporting adaptive governance of local communities. *In* (Alvares, C., ed.) Multicultural Knowledge and the University. pp. 268-273. Multiversity India, Mapusa.

佐藤哲．2015．自然資源管理と生産者．（鷲田豊明・青柳みどり，編：環境政策の新地平8 環境を担う人と組織）pp. 43-64．岩波書店，東京．

佐藤哲．2016．フィールドサイエンティスト――地域環境学という発想．東京大学出版会，東京．

Stevenson, M. G. 1996. Indigenous knowledge in environmental assessments. Arctic, 49 : 278-291.

Thake, S. and S. Zadak. 1997. Practical People, Noble Causes : How to Support Community-based Social Entrepreneurs. New Economics Foundation, London.
UNDP. 2012. The Power of Local Action : Communities on the Frontline of Sustainable Development. United Nations Development Programme, New York.

II
地域づくりと資源管理認証

第3章
地域デザインと森林認証
―― 岡山県西粟倉村と企業の連携

西原啓史

　岡山県西粟倉村は，民有林全体をFSC認証林化し，100年生の手入れの行き届いた「美しい」スギ・ヒノキ林が集落を囲み，林業を核にした地域産業によって自立した地域経営がなされる50年後を目指す，「百年の森林構想」に2009年から取り組んでいる．この取り組みは，地域の産業と雇用の創出から，Ｉターン受け入れなどの人口減少対策，観光業を含めた地域の広報・マーケティングまで非常に横断的かつ複合的な事業である．これは村役場・地元森林組合（美作東備森林組合）および民間企業（株式会社トビムシとその子会社の株式会社西粟倉・森の学校）の三者契約が発端となったもので，事業の推進においてもこの三者が中心を担っている．本事業においては，マイクロファイナンスなどの活用によって西粟倉村と縁のなかった都市住民をファン・支援者として巻き込みながら事業を成長させている点が，ユニークである．本章では，筆者が2009年4月から同年9月まで西粟倉村役場での出向時に役場や林業関係者から見聞きした内容およびトビムシでの西粟倉村事業における経験にもとづき，これらの特徴に触れながら，森林認証と地域デザイン・活性化の現状と経過，課題を明らかにする．

3.1　西粟倉村百年の森林構想とFSC森林認証

(1)　百年の森林構想の概要

　岡山県英田郡西粟倉村は，岡山県の北東端，兵庫県と鳥取県と村境を接する，中国山地の山村である（図3.1）．面積は5793 haであり，人口は約1530人（2015年1月1日現在の西粟倉村推計）の小さな村であるが（西粟

48　第3章　地域デザインと森林認証

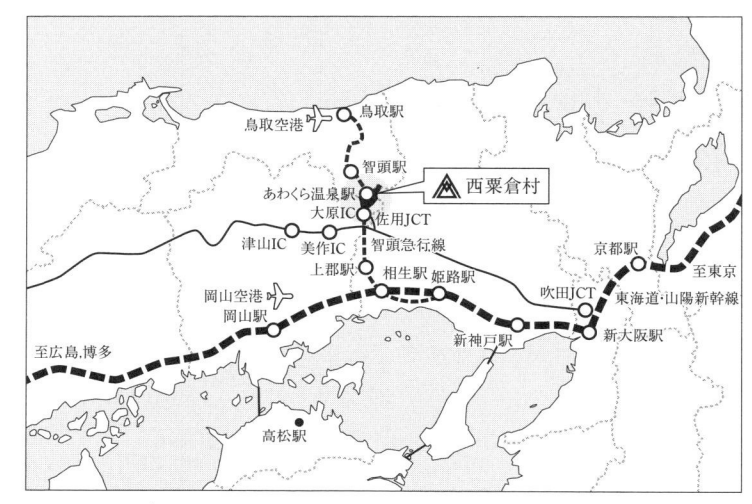

図 3.1　西粟倉村周辺地図（株式会社あわくらグリーンリゾート web ページより作成）.

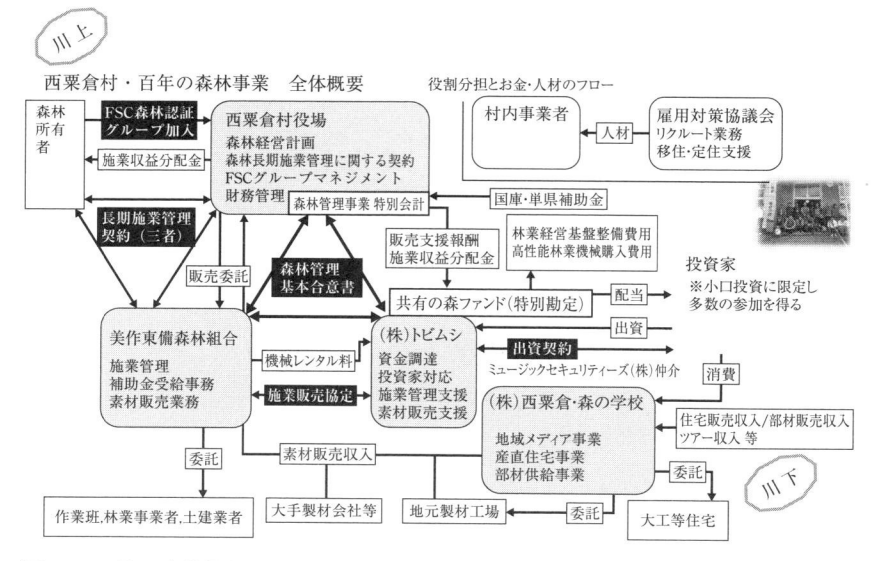

図 3.2　百年の森林構想概要図.

倉村，2015），2009 年 4 月から地元の資源を活かした地域振興の新しい挑戦としての「百年の森林構想」に取り組んでいる．「百年の森林構想」において主要な役割を担う株式会社トビムシ，西粟倉村，美作森林組合（現美作東備森林組合）の各役割と全体像を，図 3.2 に沿って説明する．

まず，西粟倉村が，森林所有者を 1 軒ずつ回って，戦後の村有林払い下げなどで細分化され十分な管理ができていない山林について，10 年間の長期施業管理契約を締結する．先代や本人が額に汗して，植林し育てた森林を他人に預けるという森林所有者の心理的な障壁は思いのほか高いため，森林所有者の個人情報を取り扱うことも含め，公的機関である村役場が森林所有者との窓口となって，もっとも泥臭く煩雑な契約・交渉を担っている．また，この長期施業管理契約と合わせて，FSC（Forest Stewardship Council）認証グループ（グループメンバー間で認証コストを分け合うことができるため，森林認証取得のハードルが低くなる．小規模な家族経営林で取得される場合が多い）への加入の同意もセットで契約し，FSC 認証林の順次拡大を図っている．

つぎに，美作東備森林組合の役割は，村役場が窓口となって森林所有者と締結した長期施業管理契約の森林について，間伐施業，丸太原木の生産・搬出を行うことである．村役場は，長期施業管理契約の面積が一定程度まとまった（集団化）段階で，森林組合に施業を発注する．森林組合は，自身の作業班や村内のほかの民間事業者を束ねて，施業の管理などを行う．また，施業を実施するにあたっては，作業道の新規開設が必要になることが多く，そのルート設計について，村役場との調整や森林所有者への説明なども担っている．

最後にトビムシは，効率的な間伐施業のための初期資金調達と間伐材およびその加工品の販売支援を行っていくという役割である．トビムシの役割については，3.3 節で詳説するが，以上の三者が中心となって間伐の推進，FSC 認証の拡大を行っていく仕組みが「百年の森林創造事業」であり，「百年の森林構想」の柱の 1 つである．

「百年の森林構想」の 2 つめの柱が，間伐材に付加価値を付け，販売していく「森の学校プロジェクト」であり，FSC 認証木材を中心にした間伐材の商品化，顧客づくりを進める事業である．

(2) 木材の商品化と FSC 認証

「森の学校プロジェクト」では，村内の廃校・影石小学校を拠点に，「百年の森林創造事業」で生産される間伐材の商品化，販売を企画し，都市と村をつなぐ地域商社として株式会社西粟倉・森の学校を2009年10月に設立した．西粟倉・森の学校は，トビムシと西粟倉村の共同出資による第3セクターの形態で設立したが，翌年2010年3月に村民76名とトビムシの追加出資を得て本格的な営業をスタートし，議決権上はトビムシが経営の中心を担う形態で事業を行ってきた．

一方，FSC認証は，まず2006年に村有林約1200 haの取得から開始した．村有財産としての村有林の伐採・処分（販売）には村議会の承認が必要であるが，逆にそれ以外の育成・管理には自由度の高い運用がなされていた．森林の育成・管理に，FSC認証の原則に則り，経済性のみならず，自然保護や景観・防災などの地域社会との観点から規則を設けることと，このような取り組みが宣伝となり，木材（原木）の高付加価値化を期待して認証を取得することとなった．2009年の「百年の森林構想」の開始後は，村役場と森林所有者とが締結する長期施業委託契約に原則並行するかたちで，村役場がグループ認証の代表となって，長期施業委託契約の私有林もFSC認証に加わってきた．直近2014年のグループ認証林は，2549 haにまで拡大してきている．村役場が新しい森林を間伐しようとするたびに，長期施業委託契約とFSCグループ認証林が増加し，「長期施業管理契約の締結→FSCグループ認証林化→間伐の実施→FSC認証取得間伐材の搬出」という流れで継続的に認証材が供給できる仕組みになっている．

くわえて，西粟倉村は，村産のFSC認証材を取り扱うことができる事業者を増やすため，CoC（Chain of Custody）認証の拡大を進めている．西粟倉村でのCoC認証は，2006年の村有林FSC認証取得を契機として，同年に美作森林組合西粟倉事業所が最初に取得している．その後，2006年に創業した株式会社木の里工房木薫がCoC認証を取得し，株式会社西粟倉・森の学校も2010年にCoC認証を取得した．

以上が現在，西粟倉村が百年の森林構想として，FSC認証を活用しながら取り組んでいる地域活性化事業の概要である．次節以降では，このような

事業を始めるに至る沿革や背景に触れながら，FSC 認証取得の意義を考えていきたい．

3.2 　西粟倉村と森林利用形態の沿革

(1) 　地域の発展と森林利用形態の変化

西粟倉村は，岡山市で瀬戸内海に注ぐ吉井川の支流の 1 つである吉野川の源流に位置し，その源流部は「若杉原生林」が標高 1200 m 付近に約 83 ha にわたって広がり，豊かな奥山の自然植生と水系を維持している．12 ある集落はすべて吉野川とその支流の谷沿いに連なっており，非常に小さくまとまった村である．

また，村の中央部を吉野川に沿って因幡街道が通っている．因幡街道は，山陰地方と瀬戸内地方を結ぶ主要街道の 1 つであり，その宿場町である智頭宿（北隣の鳥取県八頭郡智頭町）と大原宿（南隣の岡山県美作市大原［旧英田郡大原町］）の中間に位置する西粟倉村は，交通の便を活かし，昔から自給的農業を礎に林産物の交易で発展してきた．

周辺地域や社会の産業構造の変化や商品経済の発展，農林業技術の発展にともない，交易商品を生み出す森林の利用形態は，明治中期と昭和 30 年代から 40 年代の二度，大きな変化を遂げてきた．

(2) 　奥山の変化——製鉄用薪炭林から用材林へ

まず，西粟倉村における中世の森林利用は大きく 2 類型に分けられる．1 つは，薪炭林と，肥料や飼葉に供するための採草地のいわゆる里山である．吉野川とその支流沿いに広がる 12 集落では，自給的農業を中心に薪炭などの林産物を生産し発展してきたため，この里山は，集落周辺を取り囲むように広がり，集落ごとの入会林として利用・管理されてきた．

もう 1 つの森林利用形態は，里山より奥地の奥山において，中国山地に特徴的な踏鞴製鉄に供される薪炭利用である．踏鞴製鉄は，砂鉄などの原料を木炭とともに鞴で燃焼し，和鋼を得る製鉄法で，明治初期まで中国地方を中心に実施されており，幕府・朝廷などの許可のもと，移住・操業を行う共同

図 3.3 地表の金屎.

体を形成していた（光永，2003）．精錬された鉄である玉鋼1トンを生産するために，約12トンの木炭を必要とし，約1haの森林が伐採されたと考えられている．膨大な量の木炭を消費するため，操業を続けると周辺の樹木が伐り尽くされ，木炭を入手するために必要な運搬距離が長くなり，1カ所での操業ができない．そのため，踏鞴製鉄は，数年から10年程度で別の場所への移動を繰り返し，木炭用に伐採した森林が萌芽更新によって資源量が回復するのを待つという操業・移住形態を採用していた．こうした森林利用の形跡として，集落に定住する人々と踏鞴製鉄で移住する人々の間での紛争や協定を記した古文書が西粟倉村にも残っている．また，奥山において，良質な砂鉄が採取可能と思われる場所を中心に，精錬屑（スラグ）である金屎が，今日も林内の地表に散見され，踏鞴製鉄の痕跡となっている（図3.3）．

西粟倉村の北隣，鳥取県智頭町が江戸初期以降，広く奥山にまで植林と間伐による密度管理をともなう林業経営を行ってきた歴史を有する．一方，因幡街道で連なる西粟倉村の林業の歴史は明治以降であり，奥山に現存するもっとも古い人工林（図3.4）の林齢はせいぜい150年生程度である．このように，中世から明治初期までの森林利用形態は，里山の薪炭用，採草用の入会林と奥山の薪炭用二次林に大分される．

明治34（1901）年の官営八幡製鉄所の竣工が象徴的なように，明治の近代化のなかで，踏鞴製鉄も急速に大規模西洋式精錬に置き換わっていった．

図 3.4　村内最古期の人工林．

さらに時間的に前後するが，明治 6（1873）年の地租改正において，入会地など所有者が明確でない土地の国有地化が実施され，西粟倉村の奥山の場合では，踏鞴製鉄という非定住者による不連続的な利用形態であったことなどから，踏鞴製鉄従事者たちに所有権が認められず，国有林化されたうえで，村役場や地元有力者などへ順次払い下げが行われた．こうして払い下げを受けた「奥山」では，村医などの地元有力者，村外の企業を中心に，おもに北隣の智頭町から技術導入を受け，林業経営が始まった．それ以前の粗放的かつ萌芽更新に依拠した薪炭林生産の林業に対し，計画的に用材の生産を目指した林業経営は，こうした明治初期から中期の土地権利および森林利用形態の変化のなかから始まってきた．

なお，薪炭林・採草地として集落単位の入会利用がなされてきた西粟倉村の里山は，地租改正において，村有地化されたうえで，従前どおりの入会利用が継続された．

(3)　里山の変化——薪炭林・草山から用材林へ

二度目の森林利用形態の大きな変化は昭和 30 年代から 40 年代にかけてである．連合国軍総司令部による占領政策として，農地改革が広く進められたが，林地についての林野解放は行われなかったために，奥山を中心とした西粟倉村の林業経営は，土地利用の点で第 2 次世界大戦の前後に大きな変化は

起きなかった．一方，里山については，戦後も引き続き村有林という所有形態のもと，薪炭林および採草地として集落ごとの入会利用が戦後もしばらく続いていた．しかし，昭和30（1955）年ごろから西粟倉村のような山村においても，木炭燃料から化石燃料への「燃料革命」と，草などの有機肥料から無機化学肥料への「肥料革命」が進行し，薪炭林や採草地としての里山の必要性が徐々に低下し始めた．さらに，終戦直後からの木材資源の不足と急激な経済復興による住宅を中心とした木材需要の増大によって，林業が活況を呈していたこともあり，里山の有効活用が西粟倉村での大きな課題となってきた．このような背景から西粟倉村では，集落周辺を取り囲むように存在し，集落ごとの入会利用がなされてきた村有林について，昭和40年代に順次，集落内の各世帯に均等に無償譲渡（払い下げ）を行うこととなった．これにより明治中期から奥山を中心に林業を行ってきた一部の地元有力者だけでなく，村民みなが林業家として，国が進める拡大造林政策に乗るかたちで，植林・育林が行われた．今日では，森林面積に占める人工林の割合が約86％に達しており，里山の利用形態は大きく変化した．

(4) 林業の盛衰と平成の大合併

西粟倉村の主要樹種でもある，日本のスギ，ヒノキの木材価格は昭和55（1980）年のピークまで戦後右肩上がりに高騰を続けてきた（図3.5）．西粟倉村は，村民への払い下げを行った林地以外にも奥山を中心に約1200 haの村有林を有してきたため，村有林からの原木丸太販売収入によって，他地域と比較して余裕のある財政運営を行うことができ，歴代村長は，村有林の原

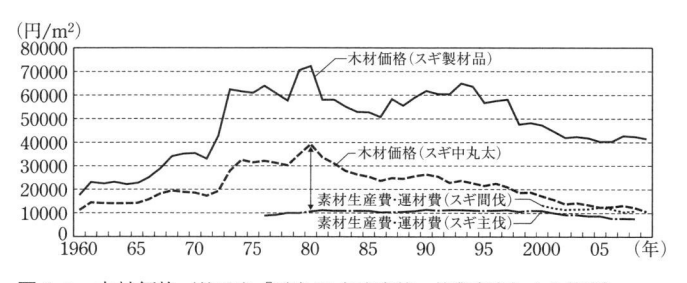

図 3.5 木材価格（林野庁『平成21年度森林・林業白書』より作成）．

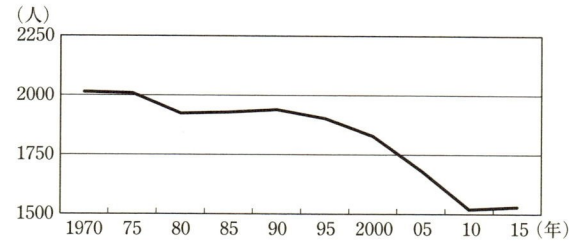

図 3.6　西粟倉村の人口推移（2010年までは国勢調査データ，2015年は1月1日付の村推計データより作成）．

木販売収入を財源に，インフラ整備と林業に次ぐ第2の産業づくりに積極的に投資を行ってきた．インフラ整備では，下水道整備や光ファイバー敷設などは県内でもっとも早く整備が完了したことなどが顕著な事例である．また，産業づくりとしては，バブル期の1980年代前半ごろから，観光事業に注力し，国民宿舎や道の駅などの観光施設整備と運営に力を注ぎ，木材価格の第2のピークである平成2（1990）年以降も地域の雇用や暮らしを支える重要な柱となってきた．しかし，バブル経済の崩壊から長期の経済不況・低成長時代に入る1990年代半ば以降，国民宿舎やツアー旅行客を対象にした道の駅の経営は徐々に厳しいものとなり，高齢化にともなう人口減少も顕著になり始めてきた（図3.6）．

2000年以降は，いわゆる「平成の大合併」の流れのなかで，西粟倉村を含む英田郡，勝田郡の各町村は2001年以降研究会や任意協議会などを設け，将来の行政のあり方を議論してきた．西粟倉村も，地域内にさまざまな意見がありながらも，木材価格の低迷により独自の財源が乏しくなったことや，岡山県の最東北端であり消防や警察など広域行政サービスの維持・受益に困難がともなうことなどから，こうした周辺地域との合併協議に参画し，議論に参加してきた．

しかし，合併に向けた具体的な協議が進むなかで，西粟倉村内からは合併に消極的な意見がしだいに大きくなり始め，2004年8月の二度目の住民アンケートにおいて，合併に否定的な意見が過半数を超えた（「合併しない」「できれば合併しない」58.33%）ため，2004年8月18日に合併協議会から離脱し，明治22（1889）年から続く単独村制の継続を決定した．なお，西

粟倉村を除く岡山県北東部英田郡，勝田郡の6町村は平成17（2005）年3月31日に合併し，新たに「美作市」として歩み始めることとなった．

3.3 百年の森林構想と株式会社トビムシの役割

(1) 三者合意

　株式会社トビムシは，西粟倉村と「百年の森林構想」を進めることをきっかけに，社内ベンチャー的位置付けで，アミタ株式会社（現アミタホールディングス株式会社）の子会社として設立された会社である．アミタ株式会社は，1999年からFSC認証審査サービスを始めるなど，森林を中心にした自然産業分野での調査やコンサルティングを行っていた．

　一方，西粟倉村は，2004年，前節に述べた観光や地域産業の課題解消のため，観光振興，産業振興，商業振興その他地域再生を目的として市町村が「地域再生マネージャー」に地域再生に係る業務を委託する経費の一部を助成する総務省の地域再生マネージャー事業に応募した．この際，アミタ株式会社の森林分野における専門性が評価され，西粟倉村の地域再生マネージャーに選ばれ，2004年より村の観光事業再生アクションづくりに携わってきた．2年間の地域再生マネージャー事業を通じた活動のなかから，村役場や地域の主要な事業関係者を中心に，森林資源を活かした観光や林業・木材業の振興に向けた青写真ができ上がってきた．村役場としては，合併協議から離脱し，単独行政を選択したことから，行政サービスの効率化が最優先の課題であり，新しい事業や施策に取り組むことがむずかしい環境であった．地域再生マネージャー事業終了後も，アミタ株式会社は，西粟倉村のつぎなる挑戦に向けた提案を継続的に行い，その1つとして2006年に約1200haの村有林のFSC認証取得に審査機関として携わることとなった．

　西粟倉村は，道上正寿前村長の陣頭指揮のもと，平成19（2007）年度まで，村行政の構造改革を最重要課題として取り組んできた．その間も，少子高齢化による自然減，地域の雇用先が少ないことに起因する社会減による人口減少が続き，守りの「構造改革」だけでなく，Ｉターンや地域の雇用増加に寄与する攻めの施策の必要性が高まってきていた．また，前節で述べたように

戦後村有林から払い下げられ，各世帯の村民によって植林・育林が行われてきた私有林は，とくに面積規模が小さいうえに，木材価格の低迷による経営・管理意欲低下や所有者の村外移住などさまざまな事由から，間伐などの適切な管理の遅れがとくにめだち始めてきた．これらの人工林は，集落に面していることから，施業が手遅れになった場合の景観毀損，防災上のリスク増大が，奥山の植林地に比べて，大きな問題であると認識されていた．

道上前村長は，自身が専業農家として稲作，酪農，林業の複合経営をされてきた経歴の方であり，なかでも林業にはとくに愛着があった．さらに，輸入関税率の低下・撤廃をはじめとする農林業のグローバル化，それに対応した規模拡大の圧力など，耕作面積や周辺地域との協同化のむずかしい山村地域の厳しい経営環境のなかにあって，道上前村長も稲作や酪農についてはきわめて厳しい先行き見通しを持っていた．しかし，林業については，村有林を中心とした一部高齢級林も含めた奥山の森林資源と，集落周辺で戦後村民が各世帯でていねいな枝打ちを含めて手塩にかけて育ててきた森林資源について，地球温暖化などの環境問題とその対策が叫ばれる時代において，一縷の可能性を見出していた．

以上のように，村役場として「攻めの施策」を必要としていたタイミングであったこと，防災・景観上の公益的観点からの森林整備の必要性が高まっていたこと，道上前村長が林業経営者としての可能性・機会を見出していたことが，林業を中心に地域活性化の新しい挑戦を始める契機となった．

一方，アミタ株式会社のなかで，後に株式会社トビムシの創業メンバーになる牧大介（現株式会社西粟倉・森の学校　代表取締役校長）を中心に，西粟倉村との協議・提案を続けてきたが，補助金などを活用した第三者的なコンサルティングではなく，自らも一定のリスクを取って，村役場などの地域関係者とともに，事業とそれを通じた雇用の機会をつくりだしていくことが，林業の再生においても，地域の活性化においても，もっとも重要で必要な手法であるという思いを強くしていた．そこで，2008年春ごろから，牧がほぼ現地に常駐し，その他2-3人のメンバーは出張を繰り返しながら，村役場や森林組合と，事業の可能性や形態について侃々諤々の協議を半年以上続けた．また，村役場のほうでも，村長が先頭に立って副村長，担当課長ら主要関係者がそろって，全12集落すべてを回って説明会を開催し，住民の意

見・意向を聞きながら議論を深めていった．国の補助金や交付金，村の予算の裏付けがあって，新しい事業を始めるという，いわゆる「結論」ありきの議論ではなく，長期的な資金確保の問題も含めたむずかしい内容であったため，途中，何度も議論が覆り，白紙に戻りそうになることもあった．最終的に 2008 年末におおよその方針について，関係者の合意を得ることができたが，それはひとえに 2004 年からアミタ株式会社として 5 年にわたって地域とかかわってきたおたがいの信頼関係によるものであると現場にいた 1 人として感じている．そして，関係者の合意を受けて，アミタ株式会社では西粟倉村との林業再生事業に取り組むベンチャー子会社「株式会社トビムシ」を 2009 年 2 月 2 日に設立し，村役場と美作森林組合（現美作東備森林組合）とは正式に 2009 年 4 月 1 日に「西粟倉村森林管理運営に関する基本合意書」というかたちで，新しい挑戦としての「百年の森林構想」の枠組みが始まることとなった．

(2) 共有の森ファンドによるファン集め

「百年の森林構想」では，西粟倉村の人工林の間伐を推進していくことを目指し，美作森林組合（2012 年 4 月に赤磐市森林組合，備前市森林組合と合併し，現在は美作東備森林組合）も参画して事業を開始した．本構想以前から，西粟倉村の森林組合では従前の植林や保育などの造林・育林事業から，少しずつ間伐・搬出を行う林産事業を試み，生産性の高い高性能林業機械の導入なども一部で進めてきていたが，「百年の森林創造事業」の目指す大規模な間伐・搬出には高額な高性能林業機械を複数追加導入する必要があった．しかし，西粟倉村が単独村制継続を決定したのとは対照的に，西粟倉村にあった西粟倉森林組合は 2006 年 4 月に美作市域および勝央町の森林組合と合併し，美作森林組合として事業を行う体制となっていたため，1 組合員 1 議決権の原則によって西粟倉村の施策だけに依拠した大きな設備投資を行うことができなかった．また，西粟倉村も財政上の制約が多いため，間伐拡大に必要な高性能林業機械の導入資金を株式会社トビムシが調達することになった．

トビムシは，「百年の森林構想」において，都市住民を中心とした所有者以外の多様な関係者の森林経営へ参画を図ることを戦略的なテーマとして考

図 3.7 林業機械とファンド投資家ツアー.

えていた．前節の森林利用形態の変遷で概説したとおり，燃料・肥料革命以後，森林の役割の変化と拡大造林などの政策的支援のもとで個人財産として約50年間経営されてきたが，燃料・肥料革命以前には集落入会林として数百年管理されてきたという歴史に鑑み，「再びの共有化」というコンセプトで，西粟倉村の「百年の森林構想」を応援し，一時的な寄附行為ではなく長期的主体者として参画する人々を募る仕組みを目指した．その結果として，村役場をはじめとする関係者との協議を経て，第二種金融商品取引業（集団投資スキームなどの自己募集，みなし有価証券の売買など，有価証券を除く市場デリバティブ取引などを指し，おもに自己募集のファンドなどが営んでいる；野村證券株式会社，2015）としてマイクロファイナンスの先駆けとなる事業を展開していたミュージックセキュリティーズ株式会社と提携し，林業機械購入資金などを募る「共有の森ファンド」を立ち上げた．共有の森ファンドは，匿名組合契約により1口5万円（上限10口まで）で10年間の投資期間を設定したファンドである．資金使途は高性能林業機械4台購入費約3000万円，FSC認証の審査費用10年分約1000万円という構成とし，償還原資は安定性の高い林業機械レンタル料と変動要素の強い販売支援報酬を組み合わせ，出資者にとってリスクが低くなるような設計を行った．このような仕組みで，約2年間の募集期間において，首都圏の方を中心に412名の出資者，出資総額4080万円を集めることができた．

トビムシにとっても，西粟倉村にとっても，このようなマイクロファイナンスの活用は外部資金の調達という点はもとより，西粟倉村やトビムシの取り組みを応援・支援してくださる「ファン」を，投資家の家族も含め数百名の規模で得られたことが大きな利点であったととらえている（図3.7）．

(3) 地域商社「西粟倉・森の学校」設立

西粟倉村は，林業を主要産業として戦後も発展してきた村であるが，ほかの多くの山村地域同様に，原木丸太を最終製品に隣町の智頭町や津山市の原木市場に出荷する流通形態であった．しかし，昭和26（1951）年に丸太の関税が撤廃されて以降，国産スギ・ヒノキの原木価格は国際価格に連動するかたちで変動し，1990年以降右肩下がりに低迷しているのは周知のとおりである．より付加価値が高く，産地のブランドやストーリーを付加した加工品を製造し，直接ユーザーや消費者に販売していく，いわゆる6次産業化が必要であるとの認識を構想立ち上げ当初より抱いていた．ただ，前述のように原木での出荷を主としていた村であったため，村内には地元の大工向けに丸太の製材を行う家族経営の小さな製材所が3社あるだけで，都市部の工務店や利用者の要望や仕様に適した商品開発力や生産力，販売力を持った事業者が存在しなかった．

そこで間伐材の商品化，販売を企画し，都市と村をつなぐ地域商社として株式会社西粟倉・森の学校を設立したが，営業開始からの約2年間，ベンチャー企業の不安や，商品開発や営業という職種への関心の低さから地域住民からの採用がむずかしい状況が続いた．そのため森の学校では，西粟倉村雇用対策協議会と連携し，村外からのIターン者がほとんどを占める「よそ者」集団でさまざまな試行錯誤を経て，商品開発や営業活動を行ってきた．西粟倉村雇用対策協議会は，2006年から厚生労働省の雇用対策関係事業の受け皿として村が設置した組織で，村内の観光施設や林業・木材業関係事業者への就業を希望するIターン者の募集，受け入れ先企業への支援を行ってきており，森の学校を中心に56人のIターンを受け入れてきた．こうしたIターン者のなかには，その後，木材やその他地域資源を活かし，村内で独立起業（木工，木質バイオマス，菜種油生産などの業）する方も生まれ，西粟倉・森の学校が多様な人材・商品を輩出する基地「学校」の役割も果たして

図 3.8 西粟倉・森の学校製造所フローリング加工機.

きている．

　西粟倉・森の学校自体は，2012年には本格的な製材加工所を稼働させ（図3.8），内装材を中心とした間伐材商品の自社生産の体制を整え，村の地域資源（米や味噌など）や起業した事業者の商品をも含めた販売・マーケティングを担い，製造所を中心に地元出身者の雇用も増え，総勢約30人の規模にまで成長した．

3.4　FSCを活かした事業・活動展開

(1)　独自商品の開発とFSC専門店化

　株式会社西粟倉・森の学校は，「ニシアワー」というブランドで，webサイトを中心にFSC認証商品を含む自社加工・自社企画の商品の販売を行ってきた（図3.9）．村役場，森林組合，民間企業という三者での取り組みである点や，第3セクター方式で林業の6次産業化を目指す企業であることなどのニュース性から，「百年の森林構想」の開始から2年間で，新聞・経済誌，テレビを中心に約50ほどのメディアからの取材を受けた．さらに，新商品発表などの特定のタイミングに集中したメディア露出ではなく，ほぼ万遍なく，月2回ほどのペースで継続的にメディアに取り上げられたことで，

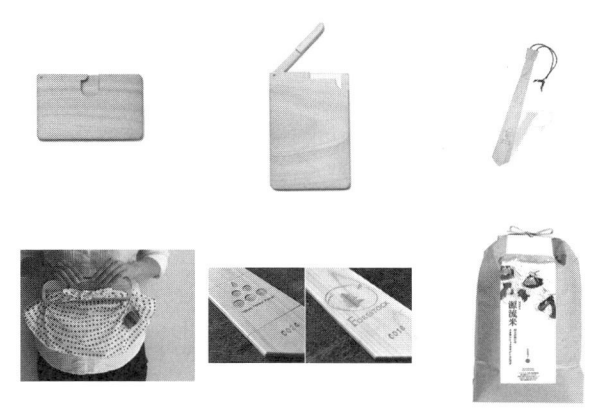

図 3.9 ニシアワー web サイト．

お客様からの問い合せが途切れることなく続いた．そのような問い合せのなかで，西粟倉村が FSC 認証取得を謳っていることから，FSC 商品についての問い合せが種々入ることとなったが，具体的な商品の問い合せとなると価格や納期の観点から，新たに商品開発して提供することがむずかしく，お客様の要望に応えられないばかりか，大きな機会損失となっていた．そこで 2012 年から FSC 認証に取り組むほかの地域や FSC 認証材の商品を手がけるほかのメーカーなどと連携して，ニシアワーの web サイト内に，各地の FSC 認証木製品を取り扱う専門の web ページを立ち上げた．おそらく 2012 年当時，全国の FSC 認証木製品を専門に取り扱う通販サイトは日本初ではなかったかと思われる．おりしも，各都道府県が地元地域産材への助成制度を拡充させ，公共建築物等木材利用促進法が施行された時期と重なり，各地で産地が明示化（証明）されたノベルティ商品などの企画が増加傾向であり，FSC 専門サイトを立ち上げたことで，FSC 認証商品を中心に地元産材を使用した木製品の問い合せを引き受けられるようなプラットフォームとしての機能を果たせるようになった．

(2) 国際交流への広がり

2012 年 6 月，日本の農林業の視察に訪れていたラオス農林省の職員が，中国四国農政局の案内で西粟倉村を訪問した．西粟倉村の取り組みが各種の

図 3.10 ラオス農林省との協定締結(株式会社あわくらグリーンリゾート web ページより).

メディアに出ていたために,中国四国農政局の方の目にとまったということもあったかもしれないが,水源地でのおいしい米づくりと,FSC 認証を活かした林業活性化の取り組みを行っていることが,国有林の FSC 認証取得を進め,フッケンヒバ(ラオスヒノキ)の育林・活用を検討しているラオス側の職員の関心をひいたようである.この訪問を契機に,2012 年 9 月,ラオス農林省から西粟倉村に,村が持つ農林業技術・ノウハウの提供,薪や炭の販売協力などについての協力覚書の打診があった.これに応じ,同年 11 月に青木現村長らがラオスを訪問し,農林省普及局長との間で協定に調印し,相互の協力,交流活動が始まった(図 3.10).現在,西粟倉村の道の駅「あわくらんど」にて,ラオス産オーガニックコーヒーを提供しているほか,ラオスの黒炭・白炭の販売などを行っている.

このように,岡山県の小さな村が,国境を越えてラオス政府と協定を結び,交流が広がってきていること自体,非常に希少な機会であり,FSC 認証を活かした「村おこし」に取り組んでいることが強い訴求点になったことはまちがいない.

3.5 地域づくりにおける FSC 認証の意義

西粟倉村の「百年の森林構想」は,「戦後 50 年間手塩にかけて育てた木を,

今，見捨てるわけにはいかない」という道上前村長を中心にした村民の思いと，市町村合併に直面し地方自治のあり方を見つめ直した「機動的」な村役場が，トビムシというベンチャー企業とともに取り組んできた事業である．現在も，村外からのIターン者を巻き込みながら，バイオマス利用や小水力発電など加速的，複合的に事業が発展を続けている．こうした地域づくりの過程にFSC認証が必要であったかというと，現時点での回答は「必須のものではない」と考えている．認証取得を検討する者が必ず発する「ブランド化・高付加価値化に寄与するのか」という問いに，現在の日本のFSCの状況が応えられていないからである．

　しかし，よそ者の素人集団がベンチャー企業として，成熟産業である木材市場のなかで商品開発から販売までを目指そうとする取り組みにおいて，それを見守る村役場や村民にとって，FSC認証を取得していることが，生産・流通における監査機能，林業・木材加工業の現場の安全意識などの向上の担保になったのではないかと考えている．また，前節で述べたように「FSC専門通販サイト」として広報することで，FSC商品に関する問い合せが増えることとなり，その結果として，パタゴニア京都店の内装材納入案件では，FSC材を提案でき，アメリカ本社が定める調達基準をクリアし，国内商業施設で初めてのグリーンビルディング認証LEED（Leadership in Energy and Environmental Design）のゴールド認証取得に貢献することができた．そして，村民にとってもこのような新しい挑戦がつぎつぎに報道され，ラオスとの国際交流が発展していくことは，地域の活力を感じ，地域への誇りや愛着を深めることにつながっているのではないかと感じている．そうしたことが村民を中心に可視化，実感化できてくるようになれば，少子高齢化と人口減少に直面する自治体にとって，FSC認証は短期的な木材ブランド価値の向上以上に，地域への期待と結束を強めるものとして，効用があるものになりうるのではないかと考えている．

引用文献

光永真一．2003．たたら製鉄．吉備人出版，岡山．
西粟倉村．2015．広報にしあわくら2015年1月号．
野村證券株式会社．2015．金融商品取引業（証券用語解説集）．野村證券．

https://www.nomura.co.jp/terms/japan/ki/A02358.html（2015 年 11 月 30 日閲覧）

林野庁. 2009. 平成 21 年度森林・林業白書. 林野庁.

第4章
海の再生と水産養殖認証
── 震災と南三陸町の水産業

前川 聡

　2011年の東日本大震災で壊滅的被害を受けた宮城県南三陸町のカキ養殖．しかし震災以前から，カキ生産者の間では「一度，養殖施設をすべて取り払ってしまうしかない」といった会話もあったという．その真意はどこにあったのか．豊かな自然に囲まれたなかで，カキを育てる生産者が抱えていたジレンマを解決すべく，宮城県漁協志津川支所戸倉のカキ部会では震災後その養殖密度を大幅に削減する．海の環境にも配慮したこの取り組みは，よりよいカキづくりだけではなく，津波や台風などの災害からの被害軽減にもつながるという．WWFが普及を進める自然と地域社会に配慮した新たな養殖認証制度であるASC（水産養殖管理協議会）認証に対する彼らの期待と課題を紹介する．また，これまで欧米主導でつくられてきた認証制度を，どのように日本の関係者に理解，賛同してもらうのか．国内におけるASC認証の普及のカギともいえるブリ類の認証基準づくりを通じたWWFの役割と今後の課題を分析する．

4.1　宮城県におけるマガキ養殖と震災

　「震災前は，お世辞にも最高の品質のカキであると胸を張っていえる状態ではなかった」と，宮城県漁協志津川支所戸倉地区カキ部会会長の後藤清広さんは語る．
　三陸沿岸といえば，豊かな自然に囲まれ，そこで養殖される水産物もまた高品質のイメージがある．実際には，過密養殖によりカキの成長不良が起こり，出荷までの期間が長期化するとともに，その品質は低下していたというのだ．震災前の志津川湾は養殖施設の過密化が進み，「カキ筏の間を船が通

ることも困難だった」,「筏の上を飛んで渡ることができた」と生産者自らが揶揄するくらいだ.より多くの収入を得るためにカキ筏の台数を増やし続けた結果,生産効率が下がり,収入が伸び悩むというジレンマに陥っていたのである.この過密養殖のジレンマの解決策はじつにシンプルだ.養殖密度を減らせばよい.しかし,環境収容力の評価自体が非常にむずかしい.どれくらい密度を減らせばよいのか,効果はいつ現れるのか,収入が減った場合の補償はだれがするのか,答えは見つからないまま時は過ぎていった.

「こうなったら,カキ筏全部を取り払って,最初からやり直すしかない」

生産者の間では,こんな冗談のやりとりもあったそうである.しかし,2011年3月11日,皮肉にも東日本大震災の大津波により,志津川湾内の養殖施設はすべて失われてしまう.

あれから4年の月日が流れた.志津川湾を擁する南三陸町を訪問すると,がれきのほとんどは撤去されたものの,地盤のかさ上げや宅地造成工事のための重機車輌があちらこちらで行き交っており,復興にはまだ多くの時間がかかることがうかがえる.一方,志津川湾を一望できる高台からは,湾内にまんべんなく漁業施設が並び,水産業の復興は進んでいることが見て取れる(図4.1).志津川湾では,マガキのほか,ギンザケ,ワカメ,ホタテガイ,マボヤなどの養殖業がさかんに行われており,被災した翌冬から順次生産と出荷が再開されている.

図 4.1 復興が進んだ志津川湾の漁業施設.

図 4.2 種ガキの定着した原板．

志津川湾は北から歌津，志津川，戸倉と3つの漁業権区域に分かれ，それぞれ事務所（宮城県漁業協同組合支所）がある．戸倉事務所（旧志津川支所戸倉出張所）では，震災後カキの養殖施設数を3分の1に減らすことが提案された．単純に考えれば収入も3分の1である．家や船を失った生産者も多い．生活再建の見通しすら立たないなか，反対する組合員も少なくなかったという．話し合いは幾度となく繰り返され，その年の冬にようやく筏の台数を減らすことが決まった．決議に至った背景には，過去の過密養殖による生産性の低下に対する反省と，高品質なカキづくりへの想いがあった．

志津川湾のマガキ養殖は，おもに延縄垂下式が採用されている．養殖施設はカキ筏と呼ばれ，長さ100 mの幹綱に160-180本の垂下連を吊し，それをプラスチック製の浮子を使って海面に浮かべたものである．幹綱の両端は海底のアンカーにつながれ固定されている．枝縄は長さ8 mほどで，種ガキ（マガキの稚貝）が定着している原板が20枚前後固定されている（図4.2）．

マガキの養殖はこの原板に稚貝を定着させることから始まる．宮城県沿岸のマガキの産卵期は7-8月．浮遊幼生の多い時期を見定めて，ホタテガイの原板を60-80枚重ねた採苗器を投入，幼生を定着させる．一定期間，採苗器で育成したものを種苗業者より購入し，原板を1枚ずつ垂下縄に挟み込んで，翌年の春に海中に垂下する．成長がよければ，収穫は垂下した年の10月から翌3月ごろとなる．

4.2 拡大する養殖業と認証制度

(1) 成長を続ける養殖業

そもそも養殖業は魚や貝などの水産物を対象とするが，その性格はむしろ

4.2 拡大する養殖業と認証制度　69

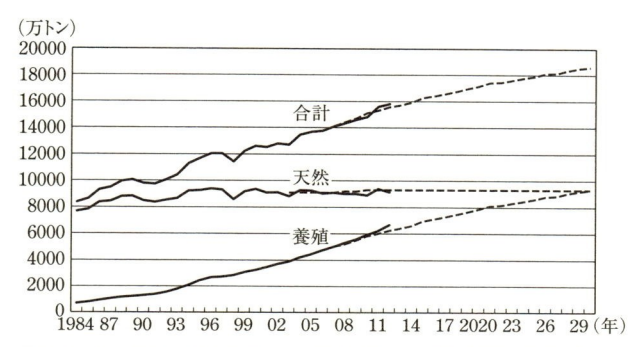

図 4.3 世界の魚類生産量とその推移予測（World Bank, 2013 より改変）.

農業に近い．定められた区画で稚魚や稚貝を育て，必要に応じてエサや抗生物質などの薬品を与える．品種改良が進んでいる種もあり，給餌によって脂肪分や肉質だけではなく，味も調整が可能である．現在，天然漁業の漁獲量は横ばいから微減するなか，養殖生産量は年率約 6% で成長しており，供給量全体の約半数を占めるまでに至っている（World Bank, 2013）．今後世界人口は増加し，かつ 1 人あたりの水産物消費量も増加傾向にあり，世界銀行の試算によると，2030 年には 2010 年比で 24% の水産物需要増加が見込まれ，養殖水産物に限っては 62%，その増加分は養殖業によってまかなわれるとしている（図 4.3）．また年間を通じた安定供給や，消費者の嗜好に合わせた生産などは，養殖だからこそできる供給サービスである．

魚やエビなどの養殖には，イワシなどの小型魚を原料とした配合飼料を与える．収穫時までに消費する餌量は，ギンザケ 1 kg あたり 1.5 kg，ブリ 1 kg あたり 2.8 kg とされており，さらにクロマグロ養殖では 1 kg あたり 10-20 kg のイワシやサバが必要とされている（Ottolenghi, 2008；農林水産省, 2014）．それに加え，水温や水質管理などのために多くのエネルギーや資源を投入している例もあり，資源利用に関していえば非効率といえる．ほかにも，養殖業にはさまざまな改善すべき課題がある．種や地域，養殖工程により影響の出方はさまざまだが，自然環境の破壊と汚染，生物多様性への悪影響，病害虫の拡散リスク，水産用医薬品や化学物質の不適切な利用，さらには不適切かつ不平等な労働環境，周辺地域社会とのトラブルなど社会的

な問題も指摘されている．カキは無給餌養殖であるが，過密養殖はカキが摂取するプランクトンの減耗につながるほか，排泄物が海底に堆積し，海洋汚染の原因ともなる．

水産物消費量は今後も増加すると予測されており，海洋環境の保全と持続可能な漁業管理，さらには持続可能性を考慮した「賢い消費」を進めることで改善を図ることは重要だが，それだけで問題を解決することはできない．すでに水産物供給の半分を占めるまでに拡大した養殖業による環境への影響を低減し，効率的な資源利用を進めることは，養殖という産業の持続可能性を考えるうえでも必須である．

(2) 新たな養殖認証の誕生に向けて

世界中にはすでにさまざまな養殖に関する認証制度がある．WWFはまず養殖業の影響や課題を類型化し，各認証基準の比較分析を行った（WWF Switzerland and Norway, 2007）．その結果，定量的に測定可能で，透明性があり，かつ多数の利害関係者の参画によりつくられた基準はないことがわかった．そこでWWFアメリカが中心となって，認証基準の策定作業の場をつくるとともに，その基準の管理団体としてASCの設立準備に着手した．

ASC（Aquaculture Stewardship Council；水産養殖管理協議会）は，環境と社会にとって責任ある養殖業のための認証制度を管理する独立した非営利組織である．オランダに本部を置き，2010年に設立された．その設立はWWFとIDH（The Sustainable Trade Initiative）が支援している．IDHはオランダを拠点として農林水産物および工業製品の持続可能な生産と調達，消費を進める団体である．ASCは，ちょうど1997年に設立されたMSC（Marine Stewardship Council；海洋管理協議会）の養殖版にあたる．ASC認証を取得した養殖場はその製品にエコラベル（ASCロゴ）を付与することができるが，MSC認証と同様，認証を受けた養殖場の製品が市場に並ぶためには，流通加工の過程に携わる企業も認証を取得し（CoC認証），トレーサビリティを保証する必要がある．

ASC認証のおもな特徴は，おおむね以下のような点があげられる．①自然環境と社会問題の改善に取り組んでいること，②FAO（国際連合食糧農業機関），ISEAL（International Social and Environmental Accreditation and Labeling；国際社会環境認定表示連合）のガイドラインに準拠していること，③各基準は水産養殖管理検討会（Aquaculture Dialogue）と呼ばれるオープンな会議を通じてさまざまな関係者協力によって策定されること，④各基準の審査要件は定量的，客観的に測定可能なものであること，⑤審査は独立した ASI（Accreditation Service International）が認定した第三者認証監査機関が行うこと，⑥基準の策定経緯から養殖場の審査結果に至るまでの情報はすべて公開され，高い透明性を持っていること，⑦ CoC（Chain of Custody）認証により生産（種苗，育成）から加工販売までのトレーサビリティが保証されていること，⑧ ASC ロゴによる消費者に対しての高い訴求力があること，である．

　世界で初めての ASC 認証を取得したのは，ベトナムのティラピア養殖場である．ティラピアは日本では温泉地などでわずかに養殖される程度だが，世界的には年間約 450 万トンが生産され，魚類養殖の 1 割を占める．現在，パンガシウス（ナマズの仲間），サケ，淡水マス，エビ，二枚貝の計 190 を超える養殖場で認証が取得され，順調に数を伸ばしている（図 4.4）．国内では，2014 年に国内大手量販店のイオンで ASC ラベル付きのノルウェー産アトランティックサーモンとベトナム産パンガシウスの販売が開始されてい

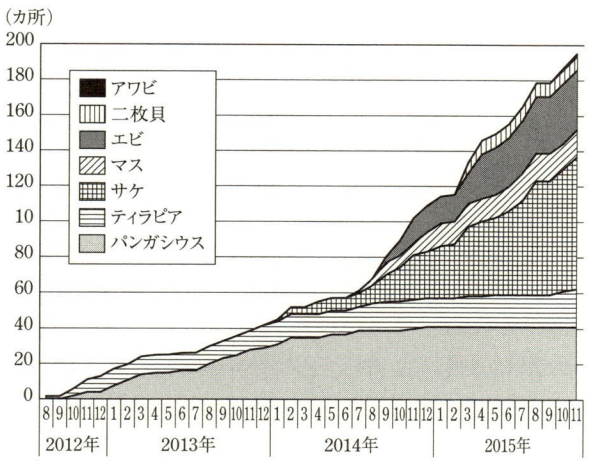

図 4.4　世界の ASC 認証取得養殖場の推移（ASC ウェブサイトより作成）．

```
原則1：法令順守
  自然環境に対する基準
  原則2：自然環境・生物多様性への影響軽減
  原則3：天然個体群への影響軽減
  原則4：飼料，化学薬品，廃棄物の適切な管理
  原則5：養殖魚の健康と病害虫の管理

  労働環境や地域社会に関する基準
  原則6：適切な労働環境の整備
  原則7：地域社会との連携，協働
```

図 4.5 ASC 認証基準の構成.

るが，執筆時において国内で認証を受けた養殖場はなく，今後の普及拡大が期待されている．

　MSC の認証基準が1つであるのに対し，ASC の認証基準は養殖魚種ごとに分かれており，サケ，ティラピア，パンガシウス，淡水マス，ブリ・スギ類，二枚貝，アワビ，エビの8つの基準が策定されている．これら以外の魚種については，基準策定が想定されているが，その対象魚種と策定時期については明示されていない．これら8基準は，7つの原則にもとづいている（図4.5）．原則1：法令順守，原則2：自然環境・生物多様性への影響軽減，原則3：天然個体群への影響軽減，原則4：飼料，化学薬品，廃棄物の適切な管理，原則5：養殖魚の健康と病害虫の管理，原則6：適切な労働環境の整備，原則7：地域社会との連携，協働．各原則は種によって異なる要件，共通する要件があり，今後共通項については単一の基準（Core Standards）に統合されることが ASC よりアナウンスされており，ASC の認証対象種の拡大が加速されることが期待される．

4.3　南三陸町における ASC 認証への期待と課題

(1)　復興から新たな取り組みへ

　戸倉のカキ生産者は自らの意志で，養殖密度の削減を実行した．その結果

4.3 南三陸町における ASC 認証への期待と課題　73

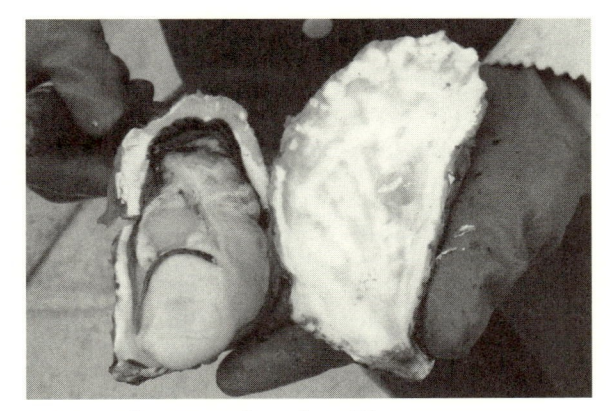

図 4.6　戸倉のマガキ（2011 年 11 月）．

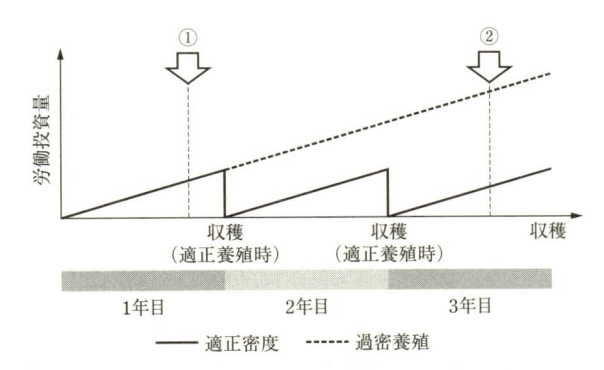

図 4.7　適正密度時の通常の成長速度と，過密養殖による成長不良時との，災害時に想定される被害模式図．①の時点では適正密度時と過密養殖時の被害想定は変わらないが，②の時点では養殖開始からの投資量が大きい過密養殖のほうが被害想定が大きい．

はどうだっただろうか．幸いなことに予想を超える結果をおさめることができた．これまで種ガキの垂下から収穫まで 2-3 年もかかっていたものが，1 年もたたずに出荷可能なサイズまで成長したのだ（図 4.6）．養殖密度は 3 分の 1 でも，成長速度が 3 倍なら収益は維持することが可能である．また品質もこれまで以上によく，入札でも高値で取引されているという．

それだけではない．適正密度での養殖は，自然災害などによる損害のリス

クを分散させることにもつながるというのだ．たとえ再度津波により損害を受けたとしても，低い養殖密度で生産サイクルが短ければ，損害を受ける規模も，生産にかけた投資の損失も少なくてすむ（図4.7）．また津波ほどではないにしろ，低気圧や台風などの時化による被害を受ける．時化の影響は，カキの成長具合によって変わり，カキが大きく育っているときほど脱落や筏の損壊が激しいという．カキの出荷最盛期は12月にピークを迎え，その時期の前後はカキの重量がもっとも大きくなる．1年周期で冬期間に収穫をしてしまえば，時化の多い春先をうまく避けることができ，被害を低減することができる．さらに，養殖施設数を減らしたことで日常の作業量が減り，時間にゆとりも生まれてくる．余暇は品質管理の向上に費やすこともできるし，なにより家族や自身の休息・趣味などに費やすことも可能になったという．養殖密度の削減を決議した際には気付かなかった効果である．

(2) 認証取得を目指す生産者の想い

戸倉のカキ生産者にとって，震災前の「過密養殖のジレンマ」を繰り返すことだけは避けたい．しかしそのためには，個々の生産者が一致団結し，海の環境に見合った養殖密度を堅持していくことが必要である．震災後の3年間は，国の「がんばる漁業復興支援事業」のもと，共同経営の形式をとってきた．しかしながら，宮城県のカキ養殖は本来家族経営で行われ，個々の生産者の裁量による部分が大きい．震災から4年目を迎え，補助金の執行期間が終了した後，どのようにして海の環境に配慮した養殖を個々の生産者の協力のもと続けていくのかが課題となっている．そこで，生産者の間では，現在ASC認証取得の機運が高まっている．ASC二枚貝基準では適切な密度での養殖を求めており，認証取得は過密養殖のジレンマを回避するインセンティブとなる．現在は，ASC認証審査に向けて，漁協が中心となり，必要書類や条件の精査などの準備が行われている．

豊かな海に頼りすぎた養殖は，徐々にその環境を汚していった．津波は養殖施設をはじめ多くのものを奪ったが，もとの豊かな海を取り戻してくれたと，生産者はいう．せっかくもとに戻ったのだから，また汚さないように，計画的に養殖することが必要と考えている．

また戸倉事務所では，震災以前から地域の小中学校の環境教育への協力や，

他地域の団体受け入れなどを積極的に行っていた．震災後は，過去の反省をふまえた海の環境に配慮した高品質なものづくりの視点から，復興に向けた取り組みを紹介している．ASC認証の取得は，漁協と生産者が目指す取り組みをわかりやすいかたちで，またその成果として，地域内外に伝えていくツールにもなりうる．

(3) 市場の回復と新規開拓

震災によって被災地では一時的ではあるが，生産出荷が不可能となった．この間，カキの市場ルートはほかの産地に奪われてしまった．

新規市場の開拓という点で，ASCは国際的な訴求力，市場競争力も生み出すことが期待されている．日本国内の水産物消費が伸び悩んでおり，カキもその例外ではない．そのため需要の拡大戦略として，海外への輸出が積極的に行われている．カキも香港を中心として輸出量が拡大の傾向にある．また，近年注目されているのが大都市圏で人気のあるオイスターバーである．宮城県でもオイスターバーなどへの出荷に向けて，成熟前の小粒のカキの養殖を試験的に着手，出荷も始めており，ASC認証による「環境配慮」という付加価値を期待する声もある．

(4) 生産者に内在する課題

ASC認証は監査資格を持つ民間の認証機関によって行われる．認証は3年間有効だが，年次監査を毎年受ける必要がある．当然のことだが，認証取得と維持には費用負担が発生する．費用の問題は，ASC認証取得によるメリットと合わせて，生産者側の主要な関心事である．漁業センサスによると，全国のカキ養殖業者の9割は個人経営であり，養殖水産物の販売金額も多くはない（図4.8）．そのため認証にかかる費用をだれがどのように捻出するかは大きな課題である．戸倉の場合，南三陸町の補助事業費を充てて初回監査を受けることとなったが，次回監査までに漁協またはカキ部会による費用積立など自立的な費用捻出の仕組みが求められる．

費用的にも手続き的にも，家族経営の生産者が個別に認証を申請取得するより，漁協もしくは生産組合のような団体が行うほうが簡便であるが，その場合，個々の生産者に認証取得の意義と基準要件を理解してもらい，生産と

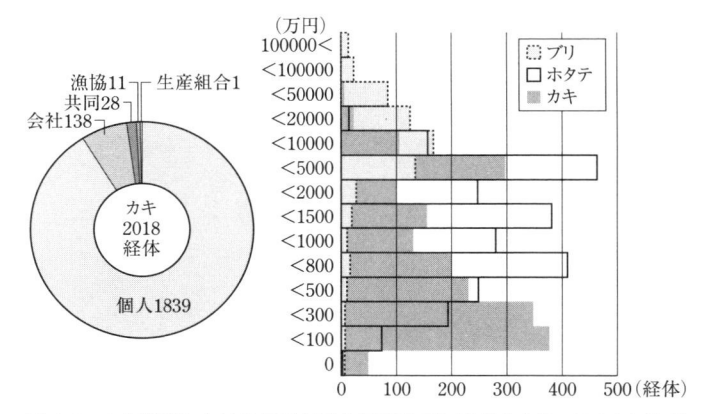

図 4.8　カキ養殖における経営組織と販売金額（農林水産省，2013より作成）．

管理に関する情報を定期的に報告してもらい集約する必要がある．南三陸町のカキ養殖は複数の経営体の集合だけに，協力連携体制の構築が肝心である．

4.4　ASC認証取得の潜在的メリット

　ASC認証の歴史は浅く，とくに国内市場において，現時点でどのような優位性を持つのかは未知数である．前述の生産者の期待とニーズに対し，ASC認証取得がどこまで貢献するかは，これからの認知度向上と市場での普及にかかっている．先行するMSCの事例から推察すると，価格上のプレミア設定はむずかしい．新たな販路を拡大できるか，安定した買い取り枠を確保できるかが課題といえるだろう．一方，ASC認証の普及啓発は，ASCやWWFなどが世界的に行っているほか，取り扱う企業が別途実施している．最近ではCSR（Corporate Social Responsibility）や食品リスク管理の観点から，ASC認証製品に関心を寄せる企業も多い．各生産者，生産団体が独自に商品広告をするために費やすコストを認証取得にかかる費用に振り分ける戦略もありうるだろう．

(1)　流通から消費の課題

　ASC認証製品が正しく消費者に届くためには，流通加工，販売にかかる

企業すべてがCoC認証を取得し，非認証製品と区別して取り扱いを行う必要がある．ただし，ASCのCoC認証はMSCのCoC認証と同一のため，すでにMSCのCoC認証を取得している企業であれば，取り扱い商品の目録の更新手続きだけでよい．

宮城県のマガキ養殖の場合，生産から殻剥きまでの作業は生産者が生産現場で行い，一次梱包されたカキは県内3カ所の集荷場に集められ，入札が行われる．そのため，生産者と特定の企業との専売契約はなく，必ずしもCoC認証を取得した企業が優先的に調達できるシステムにはなっていない．出荷から販売の過程で認証が途切れることになり，ASC認証を生産者が取得した場合，新たな販売枠もしくは流通システムの構築を検討する必要がある．

(2) 国内での監査体制の確立

ASC認証は民間の第三者認証機関によって審査される．この認証機関は，ASC認証の審査資格を取得するために，ASIと呼ばれる認定機関の審査を受ける必要がある．なんとも回りくどい方式に見えるが，認証機関の審査クオリティを高めるとともに，特定の団体や企業の意向を排除し，客観的かつ公平に審査するための仕組みである．さらにややこしいのは，ASC認証の場合，認証機関の審査資格が基準ごとに割り当てられることである．すなわち，ある認証機関がサケの審査資格を取得していたとしても，二枚貝を審査する場合には，別途ASIから認定を受ける必要があるということである．認証機関側から見ると，どの種のASC認証が，認証資格にかかるコストをカバーし，ビジネスとして成功しうるのかを慎重に判断する必要がある．現在，ASIの認定を受けている認証機関は世界中に23社あり，うち国内に本社または代理店を置く認証機関は8社である（2015年8月現在）．ASIより受ける認定は国際的に通用しうるが，日本国内で証を受けようとすると，海外から経験のある審査員を招聘しなければいけない場合もあり，渡航費が加算されるなど認証費用の上昇の一因となっている．

4.5　ASCの普及とWWFの役割

基準づくりは，各種群ごとの運営委員会と水産養殖管理検討会とが中心に

なって行われる．運営委員は生産者，科学者，環境 NGO などの代表 7-10 名程度で構成され，ASC 基準の原案となる管理基準の策定作業を行う独立した組織である．水産養殖管理検討会は，アクアカルチャーダイアログとも呼ばれ，養殖基準と環境に関心のある人であればだれでも参加し，発言や情報提供などを行うことができる円卓会議である．各検討会での議事要旨と発表資料はネット上で一般に公開されるほか，基準案についてはパブリックコメントの募集期間を設定し，検討会に参加できない人であっても，議論の進捗を確認し，意見を述べることができる．つぎに，筆者がその基準策定に実際にかかわったブリ・スギ類の検討会の経緯を通じて，日本における国際基準策定への生産者の参加の例をあげる．

(1) 日本発のグローバルスタンダードを目指して

　ブリ・スギ類の検討会は，2009 年に米国のシアトルとメキシコのベラクルスでそれぞれ第 1 回，第 2 回検討会が開催され，ブリ・スギ類養殖の現状と潜在的影響，そして基準の素案について議論が行われた．しかしながら，開催地が日本から遠く離れていたこと，ASC 認証の認知度が日本国内で低かったこともあり，日本関係者の参加は得られなかった．ブリ・スギ類の養殖生産量は日本が 9 割を占めており，日本の養殖関係者の意見を集約することが必須である．そこで WWF ジャパンは，日本におけるブリ・スギ類の検討会開催を誘致すべく，関係者との調整ならびに予算繰りに着手した．

　まずは「なぜ ASC 認証なのか」を理解してもらうことが肝要である．WWF ジャパンでは，世界初の ASC 認証製品が誕生した年，2012 年 11 月に ASC，基準策定にかかわる運営委員，認証機関，生産現場で改善プロジェクトに取り組む WWF の海外スタッフを招聘し，「責任ある養殖業と養殖水産物調達の今後——養殖業の課題と認証制度 ASC」と題して，主として水産物を取り扱う企業向けにセミナーを開催し，ASC 認証の策定経緯，特徴，そして取得方法について紹介を行った．

　翌年 2 月に第 3 回ブリ・スギ類水産養殖管理検討会を東京で，同年 10 月には第 4 回の検討会をブリ類最大の生産地である鹿児島県で開催するにあたり，主要な関係者には招待状を発送するとともに，いくつかの生産者には直接訪問して，ASC 認証の仕組みを説明し，日本の生産手法の情報が不足し

4.5 ASCの普及とWWFの役割　79

図 4.9　第3回ブリ・スギ類水産養殖管理検討会（東京）．

ていたことから，検討会策定への参加協力を要請した．検討会には，生産者をはじめ，飼料製造業者，流通販売企業，研究者，認証機関，行政機関などから多数の参加を得ることができた（図4.9）．

　ASC基準を検討するうえで，サケなどと比較すると，飼料中の魚粉や魚油の高い含有率は大きな課題であった．魚粉や魚油は，アンチョビーなどの天然の小型魚からつくられるため，魚粉・魚油の大量消費はこれらの魚の過剰漁獲につながる．飼料原料となる魚粉・魚油の価格高騰もあり，飼料の配合比の改良は必須であるものの，ブリらしい風味や食感を維持しつつ，一定以上の生産効率の確保と採算性を考慮すると，技術的なハードルは高い．成長に必要な栄養素やバランスは，種苗改良の進んだサケとは大きく異なるのである．この魚粉・魚油の高い含有率は，ブリ・スギ類の基準策定のなかで最大の焦点となり，環境配慮を目的とする認証基準としての信頼性の確保と，実際の養殖生産における実現可能性の間の駆け引きをめぐって，その後1年半以上にわたって議論を続けることとなる．WWFジャパンはその間，検討会の国内事務局として生産者や飼料メーカーから実際のデータを収集するスタッフと，日本のブリ類生産の情報をふまえて議論するため運営委員に就任するスタッフとの2名体制で基準策定を後押しした．

基準の完成と養殖現場での実地検証に向けて

ASC ブリ・スギ類基準は 2015 年 2 月，第 1 回の検討会開催よりおよそ 6 年の歳月をかけて完成し，その管理が運営委員会より ASC に移管された．日本で会合を開いてから 2 年後である．予定変更を何度となく繰り返し，予想以上に長期化し，関係者からも何度となく進捗確認の問い合せを受けたが，結果としては監査に向けた準備態勢を整える期間となった．今後，完成した基準を実際の養殖場において実地検証を行うパイロット監査が行われる予定である．パイロット監査はあくまでも実地検証目的のため，認証取得をすることはできないが，参加する生産者と認証機関双方にメリットが期待できる．生産者にとっては，本審査を受けるための書類作成やデータ収集を行い，パイロット監査の結果を通じて改善すべき点をいち早く把握することができる．認証機関にとっては，監査手順を理解し，ASI の認定を受けるための準備を進めることができる．

前述したように，ASI より認定を受けた ASC 認証の認証機関は多くはなく，国内ではその実施体制は未整備といってよい．そこで WWF ジャパンでは生産者だけではなく，国内で関心がありそうな認証機関を個別に訪問するとともに，関心のある生産者と認証機関との合同説明会を開催するなどの調整を行った．結果として複数の生産者（漁協，民間企業）および認証機関が今後実施予定のパイロット監査に参加する予定となっている．

パイロット監査に参加予定の生産者のブリ生産量の合計は，国内生産量の 15% 近くを占める計算である．パイロット監査に参加した生産者がすべて本監査を受け，認証を取得するとは限らないが，国内生産者のなかでも ASC 認証への関心と期待の高まりがうかがえる．

ブリ生産者の ASC 認証への期待

ブリ生産者の ASC 認証に対する期待は，宮城県南三陸町のマガキ生産者とは若干異なる．ブリ類は日本の魚類養殖生産量の 64% を占める．カキ養殖と比較しても，1 経営体あたりの販売金額，規模が大きいのが特徴である．しかしながら，天然ブリの豊漁や消費者の嗜好の変化から養殖ブリの需要は伸び悩んでおり，近年では米国を中心とした海外輸出による需要増大が期待されている魚種である．対米，対欧州 HACCAP 認証を取得する加工場も多

い．HACCAP（Hazard Analysis and Critical Control Point；ハサップ）認証とは，水揚げから加工，梱包，出荷までの品質・衛生管理にかかる認証であり，水産物を欧米に輸出する際の必須要件である．ASC 認証の取得は，天然魚や競合他社との差別化，さらには輸出販売の機会増への期待が大きい．

ブリの生育にとって赤潮の発生や水質の低下は大敵であり，環境を維持しながら，生産をどのように拡大していくかは生産者にとって大きな課題となっている．ある漁協の組合員から話を聞く機会があったが，養殖を自分たちの子どもに継いでもらいたい，そのためには養殖ができる海を残していかなければならないと話してくれた．また，漁協で品質管理を担当する職員は，漁場環境も含め品質管理を体系的に進めてきた先駆的立場として，ASC にもぜひチャレンジしたいと語る．ASC 認証への取り組みが，それぞれの地域で，自然環境の保全と養殖業の持続的発展につながることを期待したい．

(2) ASC 認証製品を買えるようにする

認証された製品が，ASC 認証製品として，最終消費者の手元に届くためには，流通加工販売すべての企業が CoC 認証を取得する必要がある．執筆時点で海外の 190 以上の養殖場で認証が取得され，その一部は国内にも流通販売しているが，取扱量はごくわずかである．そのため一般消費者が購入しようとしても入手ルートは限定的か，時期や地域によってはまったく購入できないのが現状である．これは日本市場にあった認証製品の絶対量が少ないという生産側の制約もあるが，一方で一般消費者の認証製品への関心や認知度の低さを指摘する企業も多い．

確かに家庭における水産物の購入基準は，もっとも多いのが価格や鮮度であり，天然，養殖に限らず環境への影響を気にする消費者は少ない（農林水産省消費・安全局消費・安全政策課，2007）．しかしながら，WWF ジャパンの調査によると，水産資源の現状と漁業の影響を理解し，かつ認証ラベルの意味を理解した消費者は，非認証製品より高い価格設定でも購入することが示唆されている（若松ほか，2009）．そのため水産物の取扱企業に CoC 認証を取得してもらうよう働きかけると同時に，広く認証製品とその背景について浸透させていく必要がある．

さらに，企業自体が認証製品を取り扱うことの意義を見出す必要もある．

違法漁業由来，原産地の偽装，不当表示など，水産物も含め食品をめぐる問題は，消費者の関心が高いだけではなく，企業の重大なリスクとなる．マグロやウナギなど水産物の持続可能性がたびたび話題になる昨今，企業の責任ある調達方針として，法令順守と品質管理に加え，持続可能性が問われるのはまちがいないだろう．

　WWF ジャパンでは，2014 年より 6 月の環境月間に合わせて，MSC と共催でサステナブルシーフードウィークという，企業と連携した ASC および MSC 認証の普及キャンペーンを実施している．量販店では認証製品の販売と広告をするほか，直接店頭販売をしない企業であっても独自にメッセージを発信するなど，それぞれの取り組みを求めている．

(3)　広がる ASC 認証

　現在のところ ASC の日本事務所はないため，WWF ジャパンが日本国内における ASC の相談窓口業務をボランタリーに行っている．幸いなことに，ASC に関する問い合せは増えており，生産者だけではなく，加工業，仲卸業，小売業，飼料製造業にかかわる企業，団体はもちろん，認証機関や研究者，さらには製造業や IT 関連企業からも，ASC の基礎的情報，認証基準，現況と今後の予定について問い合せ，相談を受けている．まさに養殖ビジネスにかかわる分野すべてにおいて，ASC 認証に関心を寄せる企業，団体が出始めている．

　ASC 認証については，WWF ジャパンからも積極的に情報発信しているが，ASC のウェブサイトをぜひご覧いただきたい．日本語のサイトも開設されており，部分的ではあるが，日本語の資料も閲覧，ダウンロード可能となっている．

引用文献

農林水産省．2013．2013 年漁業センサス．
　　http://www.maff.go.jp/j/tokei/census/fc/2013/2013fc.html（2015 年 12 月 14 日閲覧）
農林水産省．2014．平成 25 年度水産白書　第 1 章第 2 節　養殖生産をめぐる課題．
　　http://www.jfa.maff.go.jp/e/annual_report/2013/pdf/25suisan1-1-2.pdf（2015 年 12 月 14 日閲覧）

農林水産省消費・安全局消費・安全政策課. 2007. 平成19年度少量品消費モニター第1回定期調査結果 水産物の消費動向について.
http://www.maff.go.jp/j/heya/h_moniter/pdf/h1901.pdf（2015年12月14日閲覧）

Ottolenghi, F. 2008. Capture-based aquaculture of bluefin tuna. *In*（Lovatelli, A. and P.F. Holthus, eds）. Capture-based Aquaculture: Global Overview. pp. 169-182. FAO Fisheries Technical Paper. No.508. Rome, FAO.
http://www.fao.org/3/a-i0254e/i0254e08.pdf（2015年12月14日閲覧）

若松宏樹・内田洋嗣・C. A. Roheim・M. A. Christopher. 2009. 日本の水産市場におけるシーフードエコラベルの潜在需要分析. WWFジャパン.
http://www.wwf.or.jp/activities/upfiles/20100210_wwf_ecolabelreport.pdf （2015年12月14日閲覧）

World Bank. 2013. FISH TO 2030 : PROSPECTS FOR FISHERIES AND AQUACULTURE.
https://openknowledge.worldbank.org/bitstream/handle/10986/17579/831770WP0P11260ES003000Fish0to02030.pdf?sequence=1（2015年12月14日閲覧）

WWF Switzerland and Norway. 2007. Benchmarking Study on International Aquaculture Certification Programmes.
http://d2ouvy59p0dg6k.cloudfront.net/downloads/benchmarking_study_wwf_aquaculture_standards_new_.pdf（2015年12月14日閲覧）

第5章
離島漁業と水産資源管理認証（MSC）
——隠岐諸島海士町の選択

藤澤裕介

　海士町(あまちょう)漁業協同組合は 2011（平成 23）年にサザエ漁の MSC 認証取得を検討した結果，取得しないという判断をした経験を持つ．島根県隠岐諸島にある海士町は豊富な資源に恵まれ，古くは干しアワビを朝廷に献上していたことが平城京跡から出土した木簡にも記されており，現在でも漁業は地域の主要な産業である．近年「地方創生」の先進事例として紹介される海士町でも漁業者の深刻な高齢化や後継者不足といった課題があり，資源の減少による漁業の持続可能性に対する危機感を持っていた．海士町漁協は MSC 認証になにを期待して取得を検討したのか．その経緯から，地域の漁業が国際資源管理認証制度を活用するにあたっての障壁となった漁業者の意識や地域の慣習，そして制度の仕組み上の課題について考察する．また，今後起こりうるシナリオに対してどのように取り組むべきか，漁協職員としての立場から提言を行う．

5.1　地域と漁業の概要

(1)　海士町の概要

　最初に，海士町と地域の主要な産業である漁業についての概要を述べる．
　海士町は島根県隠岐郡にあり，人口は 2356 人（2013 年 4 月），面積 33.46 km^2，周囲 89.1 km の離島である（海士町，2015）．島根半島の北方約 60 km に位置し，フェリーで約 3 時間 30 分，高速船で約 2 時間の距離にある．隠岐諸島は約 180 の島々で構成されており，そのうち有人島は 4 つある．それらは島後水道を境に島前(どうぜん)・島後(どうご)に分けられる．島前 3 島のうち，東

5.1 地域と漁業の概要　85

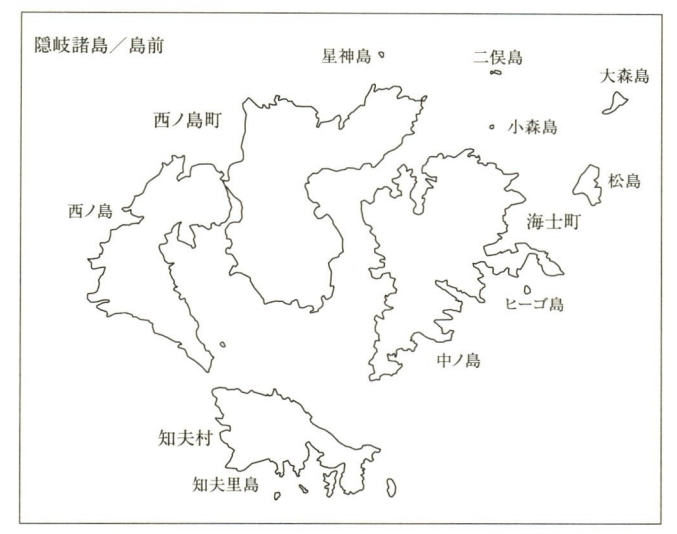

図 5.1　隠岐諸島海士町の位置.

側に位置する中ノ島全体が海士町である（図 5.1）.

　その歴史は古く，縄文時代から人々が生活を営んだ記録がある．平城京跡から出土した木簡には，干しアワビを飛鳥・奈良の朝廷に送っていた記録が記されている．また，古代から遠流の島としても知られた．なかでも，承久の乱によって配流になった後鳥羽上皇は，その生涯を終えるまでの 17 年あまりを中ノ島で過ごされ，島民の畏敬の念は今なお深いものがある（海士町，2012）．明治期には『怪談』で有名な文豪小泉八雲（ラフカディオ・ハーン）が旅行中に滞在し，菱浦の港の美しさに魅了されたことを『知られざる日本の面影』（ラフカディオ・ハーン，2015）のなかに記している．北前船の寄港地になっていたため歴史的に見ても外部との交流が多く，よそ者を受け入れる土地柄と無関係ではないように思われる．

　周囲は豊かな自然に囲まれ，隠岐は国立公園に指定されている（大山隠岐国立公園；中国四国地方環境事務所，2015）．対馬暖流の影響を受ける豊かな海と，日本の名水百選にも選ばれた天川の水をはじめとする豊富な湧水に恵まれて農業もさかんに行われ，自給自足ができる半農半漁の豊かな島である．日本形成が垣間見える大地と歴史，そして謎多き生態系が存在する隠岐

は，世界的に見ても貴重な島として2013（平成25）年には世界ジオパークに認定されている（隠岐世界ジオパーク推進協議会，2015）．

近年では，財政危機の状況から積極的な行政改革および産業振興を行って成功をおさめ，その取り組みにひかれた島外からの移住者の増大が話題になっている．安倍内閣が打ち出した「地方創生」の先進事例として所信表明演説のなかで紹介（内閣官房内閣広報室，2015）されるなど，「町づくり」における取り組みが評価され，注目を集めるようになってきた．

(2) 漁業の概要

海士町の漁業の概要は以下のとおりである（数値はすべて2013年度；海士町漁業協同組合，2014）．

生産金額は2億2000万円で，近年の推移は図5.2のとおり減少傾向にある．組合員数は，正組合員が80名，准組合員が295名で合計375名である．組合員の高齢化が進み，平均年齢は64.9歳（正組合員69.8歳）となっている（海士町漁業協同組合データベース）．組合員のなかには実質的には引退をしている人も含まれており，2008年の漁業センサスの調査報告では漁業専業者の数は44となっている（農林水産省，2009）．また，漁業を主たる生業としている人も21名にとどまっている．

もともと地域には4漁協（海士町漁協，崎漁協，御波漁協，知々井漁協）

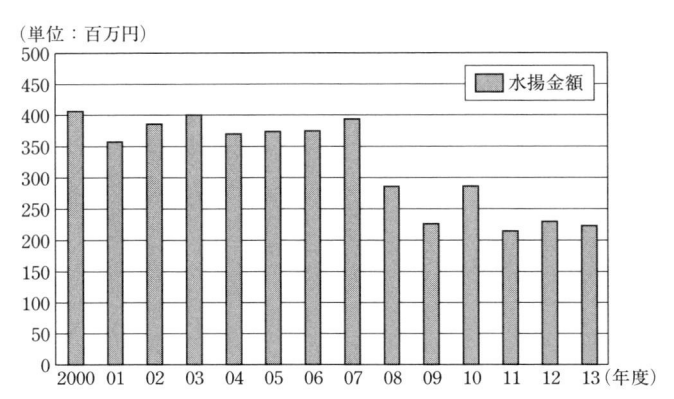

図5.2 海士町漁協の漁獲高推移(海士町漁業協同組合，2001-2014より作成)．

があったが，1996（平成 8）年に合併して 1 島 1 漁協の体制となった．島根県の海面での漁業権を有する漁協が合併して JF しまねが 2006（平成 18）年に発足しているが，海士町漁協は独立の道を選択して唯一の単独漁協として歩んでいる．

事業所は本所のほかに支所が 6 つあり，直売所と加工施設がある．職員は正職員が 6 名（男性 4 名，女性 2 名），パート職員が 4 名（男性 2 名，女性 2 名）の合計 10 名である．

漁業種類は，生産金額順に大型定置網漁，貝類養殖，一本釣漁，かなぎ漁（竿どり）などがおもに営まれている（海士町漁業協同組合，2015）．複数の漁業者が従事する漁業は大型定置網のみであり，個人漁師による沿岸漁業中心の島である．

大型定置網は島内に 3 ヶ統ある．合併前は漁協の自営事業であったが，業績が悪化し地元の有力企業である飯古建設に経営を依頼・譲渡したため，現在も民間の経営となっている．

貝類養殖はおもにイワガキ養殖とヒオウギガイの養殖である．とくに海士町と隣接する西ノ島の生産者が日本で初めてイワガキの養殖技術を確立したこともあり，隠岐全域で多くの生産者が取り組んでいる．

一本釣は小型イカ釣漁が主流であり，近くに好漁場があるため日帰りの漁である．かなぎ漁は，船上から箱メガネを使って海底をのぞきながら竿でサザエやアワビ，ナマコなど磯根資源を採る漁業である．

このほかにも延縄漁，曳縄漁，磯立網や小型定置網などじつに多様な漁業が営まれており，専業の漁業者は年間を通じていくつかの漁を組み合わせることで生計を立てている．

魚種では，イワガキ，白いか（ケンサキイカ），シマメ（スルメイカ），アジ，サザエ，アワビなどが主要な産物である．イワガキは海士町独自のブランド「春香（はるか）」を立ち上げ，高い安全基準とトレーサビリティを早い時期から確立しており，大都市圏のオイスターバーや高級料理店において高い評価を得ている．また，白いか，シマメは鮮度保持が可能な冷凍技術（CAS; Cells Alive System）の導入により，高付加価値化を実現し，離島の輸送コストと時間による鮮度低下というハンデを克服した取り組みとして成果が出ている．これにより，漁業者の収入は大きく改善した．アジは漁獲量のほと

んどが定置網の水揚げである．出荷先の境港では，特定の水産加工会社が原料となる特定のサイズについては指名買いをしているため，魚価の変動幅が少ない．規格外のサイズに関しては，上述のCAS加工によるアジフライの製造や新たな加工商品による商品化を目指しているところである．

上記のように，いくつかの取り組みにおいて成果は出始めているものの，多くの地域漁業と同様に「高齢化・後継者不在」，「魚価低迷」，「燃油高騰によるコスト増」といった課題に直面している．

筆者は，「島の漁業を変える人」という求人に対して手をあげ，横浜から家族とともに移住したIターンで，海士町に移住して5年目である．前職はまったく畑違いの出版業界であり，漁業に携った経験のないよそ者であるが，漁協職員として体を動かしながら先入観を持たずに解決策を考えることにやりがいを感じている．

5.2 MSC認証を検討した背景

海士町の漁業の課題を考えたとき，イカ類やイワガキについてはCASを導入した成果が現れ，漁業者にとってある程度満足できる単価で取引ができている状況が見えていた．サザエ漁に対するMSC（Marine Stewardship Council）認証を取得しようと筆者が考えて提案した背景には，まず，サザエが多くの漁業者が携わっている重要な魚種であり，島の人々にとって親しみがある存在であるという理由がある．海士町には「島じゃ常識さざえカレー」という特産品があるが，肉が手に入りにくい時代には，家庭で食べられるカレーの具はサザエであったことから，その独自性に着目して商品化されたものである．

もう1つの理由としては，資源管理の導入による産業としての持続可能性の確保と，差別化による販売価格の向上を同時に達成できると考えたからである．

(1) 資源の状況

サザエは第1種共同漁業権の対象であり，組合員以外による採捕は禁じられている．漁獲方法は，かなぎ漁のほかに素潜り漁とサザエ刺網の3種類が

ある．操業を行っている漁業者は，かなぎ漁が59名，素潜り漁は8名，サザエ刺網漁は17名である（2013年度；海士町漁業協同組合，2014）．素潜り漁は生業というよりは遊興目的の要素が強く，普段はほかの仕事に従事している若年層による操業が多いという特徴がある．

2011（平成23）年度はサザエが不漁の年であった．資源状況に関しても島内の漁業者から不安が聞かれるようになった．時化などによる出漁日数の減少もあるが，サザエの個体数が減っているように感じるという指摘も多々寄せられた．

海士町では，サザエの資源保護のためにいくつかの規制が設けられている（海士町漁業協同組合，1996）．しかしながら，これらのルールがサザエの資源量に対してどのような影響を与えるのか，評価がなされていないためにあいまいな手ごたえしか感じることができなかった．水揚げ量のデータも管理されておらず，不漁の年になると翌年への不安を抱え，豊漁になるとその不安を忘れて漁に励むということが繰り返されていたため，資源量の変動とそれに対するアプローチは科学的に評価され，結果を共有することが必要であると感じた．

サザエの資源保護のために行われている漁の規制は以下のとおりである．

①漁期

島根県漁業調整規則によって，サザエの産卵期にあたるとされる5-6月はすべての漁法，漁場において禁漁となり，採捕が禁じられている（島根県，1965）．操業ルールは周知されており，違反はなく遵守されている．

②漁法・漁場の制限

海士町漁協の行使規則によって，サザエの漁法はかなぎ漁，素潜り漁，サザエ刺網漁に限定されている．このうち，かなぎ漁では禁漁期を除く通年操業が認められているが，素潜り漁とサザエ刺網漁に関しては7月と8月の2カ月間のみ操業が認められている．

また，漁場の制限に関しては各集落ごとに自主的に設定している禁漁区があり，3年ごとに見直しがなされている．この禁漁区では，すべての生物に関して，すべての漁法において禁漁としている．

かなぎ漁においては禁漁区を除くすべての海域が対象となるが，竿の先についているヤスもしくは網を使ってサザエを1つずつ採るため，その竿の長

さの物理的な制約によって一定の水深より深いところにいるサザエを採ることができず,漁場が限られる.また,サザエを探すのは船上からの目視によるため,海藻が繁茂する時期には漁獲効率が下がり,間接的に資源の保護につながっていると思われる.

素潜り漁,サザエ刺網漁に関しては操業期間の制限のみならず,松島と大礁（おおぐり）という限られた場所でしか操業ができないという制約がある.さらに,素潜り漁は10時から15時までの操業に限られている.これらの漁法が資源量に与える影響が大きいと認識し,制限を設けていると考えられる.

③新規参入の制限

漁業権行使料が設定されており,遊興目的の漁獲を行おうとする者に対する抑止効果を発揮している.かなぎ漁,素潜り漁,サザエ刺網漁それぞれについて年間1万円を漁協におさめる取り決めになっており,毎年3月にその年度の操業実績に応じて納入する.

漁業者は資源に配慮したルールを守りながら漁業を営んでおり,自主的な禁漁区を設けるなど資源量に対する配慮がなされていないとはいえない.しかし,その取り組みだけでは漁業の持続可能性を保証するには不十分で,MSCという国際的に通用する確立された基準を採用することで,消費者や流通に携わる業者にも価値を認めてもらえる評価を行いたいと考えた.

(2) 差別化による販売価格の向上

サザエは,従来そのほとんどが境港の市場へ出荷されてきた.外食産業におけるサザエはけっして単価が安いものではないにもかかわらず,流通の段階における取引単価は非常に安かった.当時の1kgあたり（サザエが約10個前後）の単価は450円であった.出荷のタイミングやサイズなどの規格はすべて漁業者によって異なり,品質が安定しないことも価値を下げる一因であるが,各消費地市場への聞き取り調査により「山陰のサザエは安い」という固定された評価があることがわかった.MSC認証を取得することができれば,この既存の評価の枠から外れて,高い品質と持続可能な漁業に対する評価を得ることができると考えた.

また,当時はMSC認証を取得した商品を大手小売業のイオングループが販売取り扱いを始めるなどして話題が増えていた時期であり,海外でMSC

が普及している状況を考慮すると，ほかの産地に対して早めに着手することでアドバンテージを得ることにつながると考えた．

5.3　障壁となった要因

　2011（平成23）年の9月，MSC認証取得を検討するにあたり，東京からMSC日本事務所の大元鈴子さん（当時）を招いて説明会を行った．その後，組合長以下職員も含めて検討を行った結果，いくつかの要因が障壁となって認証取得を見送ることになった．その際に出た意見と，漁業者への個別ヒアリングによって筆者が感じたことは下記のとおりである．

(1)　漁業者の意識

　これまで見てきたように，漁業者は資源の減少に対する危機感を持っている．しかしながら，すぐに行動を起こさなければいけないというほど危機感が高まっていない，というのがMSC認証を見送ることになった理由の1つにあげられる．サザエの資源量に関して科学的データと評価がないために漁業者の資源の変動に対する意識は漠然としており，共有されていない．海のなかを日々のぞいている彼らはそのときそのときの資源の増減を感覚的に感じているが，減っていることはわかってもどれほど減っているかは把握できないし，感じ方にも個人差がある．逆説的なようだが，人が行動を起こすほど危機感が高まったときには，すでに手遅れになるということもあるので，ありたい未来からバックキャストして現在の行動を考える必要がある．

　さらに，漁業者が行動を変えるには，その手間を超えるメリットを感じることが重要である．漁獲物の販売単価の向上という直接的なものに加えて，漁業の持続可能性という目には見えない価値をいかに実現していくかもあわせて検討される必要がある．

　また，「わがとこの海」の意識も資源の保護に対してマイナスに作用している．「わがとこの海」とは海士町の言葉でいう「地先」のことで，自分たちが暮らす集落の前浜に対する占有意識がある．現在は島内1漁協になっているが，以前は島内に4つの漁協があり，当時は，ほかの漁協の海域では操業ができなかった．今では島のどこに行っても漁ができるようになったが，

「わがとこ」の意識だけは残っている．そのため，自分たちだけが「保護」しても，ほかの地域からきた漁業者に採られるくらいなら，意味がないという考えに陥ってしまう．本来ならもっと大きく育ってから採るべき小さいサイズのものまで採ってしまうことが起きている．

このようなことは，後継者がいないことにも原因があるように思う．自分の子や孫に受け継ぐべき豊かな自然であるが，直截的な意味で受け継ぐといえる後継者がいないために意識が甘くなることがあるのではないか．

島内の課題に対して，島外からの知識や意見を取り入れながら見つめなおすことが大事である．

(2) 統計に現れない慣習的取引

MSC 認証を取得するには，資源量にかかわる科学的なデータをもとにした第三者認証機関による審査を受ける必要がある．しかし，漁業者が採ったサザエにはいくつかの流通経路があり，すべてが漁協を介して行われるわけではないために正確な生産量の把握が困難であることも要因の1つにあげられる．

漁協が把握できるのは，市場への出荷と漁協の直売所への出荷である．それ以外に，漁業者と消費者の直接取引が慣習的に行われている．直接取引においては，漁業者が市場や直売所へ出荷するよりも高い単価で販売することができ，また，消費者にとっては直売所で購入するより安い単価で購入することができるため，双方がメリットを感じやすい状況にある．近所づきあいの一環という側面もあるため，一概には否定することができない．直接取引される水揚げ分に関しても，出荷と同様に漁協に対して手数料の支払いをすることが決められているが，自己申告に頼っているのが現状であり，正確な数量の把握はできていない．さらに，自家消費される分に加えて御歳暮や御中元など親戚・知人への贈答品としても使用されることもあるため，毎年ある一定量以上の統計に出てこない地下の水揚げがあると思われる．これらは出荷よりも優先度が高く，漁には出ているが出荷がない漁業者がいることを考えると，出荷量の増減だけではサザエの漁獲量を語ることができないといえる．

(3) 不確定なコスト

MSC 認証審査の運用面でむずかしさを感じたのは，審査が終了するまでに必要な費用が事前にわからないことである．MSC は，審査対象となる漁業の持続可能性を第三者が審査をすることで制度としての公平性を保っている．その審査には，どのくらいの期間と費用が発生するかは始めてみないとわからないため，見込んでいる効果と費用の比較ができず，導入の可否を判断しにくい状況が生まれる．

また，すでに認証を受けた事例によると少なくとも 100 万円以上となることが多いとのことで，その費用はけっして安価なものではない．地域の小規模な漁協が負担するには額が大きく，県や国の補助を受けて実施するにしても予算の確定ができないため事業として申請するのはむずかしい面がある．隠岐のような離島においては，離島漁業再生支援交付金という枠組みの活用が現実的だが，事前に費用の見積りが必要であるため適用がむずかしい．

5.4 これからのシナリオ

現在の状況から推測される未来を想像すると，高齢の漁業者が引退して新規就業者が少ないために生産者の数が減ると予測される．それにともない，漁獲圧は減少し一時的には資源量が増加するかもしれない．しかし，水揚げの減少により漁協の経営は圧迫されるため，生産者 1 人あたりの水揚げ量を増やしたいと考えて，漁協が漁法や漁場の規制緩和を検討するかもしれない．これまでのように，地域に居住する人々の考えで漁協が運営されているうちは資源の大切さは意識されているかもしれないが，島の外部の意見がより重視される場面においては，その意識も超えられてしまう可能性がある．たとえば，他地域の漁協との合併や食品加工会社との出荷契約などの場面が例としてあげられる．経済合理性によって物事の判断がなされるとき，長期的に見た持続可能性が軽視されて，短期的な利益追求に陥ってしまった事例はよく見られることである．

一方で，豊富な資源がありながら活用されない状況はもったいないものであるし，それでは地域の活性化は期待できない．地域社会が持続可能なもの

であるためには，地域の漁業にはどのような認証制度が必要だろうか．MSC 認証のような国際的に通用する制度に求められる基準は，国際的な流通またはある一定の規模の国内の流通を前提に構築された仕組みであり，それはどの地域の漁業にも最適といえるかたちではない．地域社会の持つ規模や自然環境の特性に合った営みには，それを評価するシステムにも地域なりの規模ややり方が求められるであろう．

　認証制度の果たしている役割には，その漁業が資源の持続可能性に対して適切に行われていることを保証する役割と，目に見えない価値を消費者が評価する際の指標となる役割がある．後者は結果として差別化につながり，市場での優位性をもたらす．

　資源の持続可能性に対して適正な漁業が行われているかを保証する役割において，外部の第三者による科学的な裏付けが必要であることは国際認証と同様である．ただ，その運用方法を考えたときに，地域の自然環境が保護されることに価値を見出すほかの経済主体と連携してコストを軽減し，そのような調査を担うべき地域の研究機関と協働を果たすことでメリットを地域全体で享受することが可能な仕組みが望ましいと考える．

　もう一点の，地域の漁業の目に見えない価値が適切に評価されるためには，地域内と地域外での流通は分けて考える必要がある．たとえば，島内における魚介類の流通を考えてみると，消費者である町民には生産者の顔や人柄，漁場から漁法までじつに多くの情報がすでに知られているという状況がある．この場合には，直売所で販売する商品に関して生産者を表示して販売することで，安全面や持続可能性などが総合的に評価された生産者に販売量や価格という部分で目に見えるフィードバックが行われ，それはさらなる努力へのインセンティブとなりうる可能性がある．複雑な仕組みを導入するよりも，わかりやすさを重視したほうが地域内では浸透しやすいと思われる．

　島外の消費者への販売を考えると，「顔が見える生産者」は安全を謳うキャッチコピーとしては有効に作用するケースがあるが，パッケージに生産者の顔を印刷したところで実際の判断材料にはなりにくい．このような場合には，1 人 1 人の生産者よりも地域全体の取り組みや想いを伝えていくことによって共感を得るほうが効果的であると思われる．

　たとえば，その商品を購入することで地域づくりに取り組む人々への支援

になる仕組みや，自然環境を保全する取り組みを行っている生産者の活動を支援する仕組みなどである．ふるさと納税が人気を集めて実際に多額の寄付が特定の地域に集まっている現状や，クラウドファンディングによって多くの生産者の取り組みが支援されていることを見れば，こういった仕組みが消費者との対話のプラットフォームになりうると想像される．

　地域の取り組みに込められた想いを多様な消費者にどのように訴えていくのか．持続可能性を保証するための科学的な検証を地域全体でどのように行い共有するのか．そして，賛同してくれる消費者との対話を取り組みに反映させていく仕組みをいかに築くか．これらの点をふまえ，これからの地域に必要な認証制度を考えていくことが地域の課題解決につながるように思う．

引用文献

海士町．2012．離島発！　地域再生への挑戦——最後尾から最先端へ．http://www.sustainability-fj.org/susfjwp/wp-content/uploads/2013/11/pdf_ama_repo_04.pdf（2015 年 5 月 1 日閲覧）

海士町．2015．http://www.town.ama.shimane.jp/about/gaiyo/（2015 年 5 月 1 日閲覧）

海士町漁業協同組合．海士町漁業協同組合データベース．海士町漁業協同組合．

海士町漁業協同組合．1996．海士町漁業行使規則．海士町漁業協同組合．

海士町漁業協同組合．2001-2014．平成 13-26 年度海士町漁業協同組合業務報告書．海士町漁業協同組合．

海士町漁業協同組合．2014．平成 25 年度海士町漁業協同組合業務報告書．海士町漁業協同組合．

海士町漁業協同組合．2015．平成 26 年度海士町漁業協同組合業務報告書．海士町漁業協同組合．

中国地方環境事務所．2015．https://www.env.go.jp/park/daisen/（2015 年 12 月 1 日閲覧）

ラフカディオ・ハーン（池田雅之訳）．2015．新編　日本の面影（2）．角川学芸出版，東京．

内閣官房内閣広報室．2015．http://www.kantei.go.jp/jp/96_abe/statement2/20140929shoshin.html（2015 年 5 月 1 日閲覧）

農林水産省．2009．2008 年漁業センサス報告書．農林水産省．

隠岐世界ジオパーク推進協議会．2015．http://www.oki-geopark.jp/（2015 年 12 月 3 日閲覧）

島根県．1965．島根県漁業調整規則．島根県．

第6章
地域からの発信と世界の目
―― 知床世界自然遺産の事例から

松田裕之

　知床世界自然遺産は，陸と海の生態系のつながりという顕著で普遍的な価値を持つ．しかし，その海域では沿岸漁業が営まれており，審査の過程で海域の保護強化が求められた．世界遺産地域は各国の国内法により保護されており，国際管理下に置かれるわけではない．日本の沿岸漁業は漁業者組織が自ら持続可能な漁業を目指す共同管理を基本とする．漁業者は自らスケトウダラの季節禁漁区を拡大し，知床は世界遺産登録を実現した．こうして知床は，自然保護を政府が担保するのではなく，地域主導で保護に取り組むという新たな世界遺産の事例となり，国際自然保護連合と国際コモンズ学会から高く評価された．この顛末を見ると，世界標準が固定したものではなく，逆に地域の新たな取り組みが新たな世界標準をつくりだす過程と見ることができるだろう．

6.1　世界遺産と国際認証

　世界遺産は「認証制度」ではない．世界遺産登録地は，世界遺産条約にもとづき，登録候補地のある国が推薦し，ユネスコから委託された審査を経て，21カ国からなる世界遺産委員会の議決によって登録される．本書で論じる認証制度は条約とは異なる．認証制度は，森林管理協議会（FSC；Forest Stewardship Council）や海洋管理協議会（MSC；Marine Stewardship Council），国際標準化機構（ISO；International Organization for Standadization）や地域で認定するさまざまなエコマークのように，一定の基準を満たしていればすべて認証する．申請は絶対評価であり，認証数が増えることはむしろ望ましいことである．認証を得る主体は事業者であり，彼らは認証にかかわ

る費用を支払ってでも付加価値を得て，収益を増やしたいという経営上の意図がある．認証制度では，費用に見合った便益が期待でき，認証を付与する機関はおもに非営利団体（NPO）など民間の団体である．これらの認証は定期的に更新が必要であり，認証は申請事業者によって維持され，基準を満たさなければ認証資格を失うことになる．

ユネスコは国連の一機関で，加盟国はユネスコ憲章にもとづきユネスコ国内委員会という国内協力団体を組織し，ユネスコ活動を担う．日本では自然科学小委員会などの専門小委員会があり，その事務局は文部科学省国際統括官付に置かれている．国内委員会が世界遺産の国内候補地を決定し，ユネスコ本部に推薦する．

しかし，認証制度と共通する面もある．登録地にとって世界遺産は魅力である．地域振興の起爆剤と期待される．たとえば，世界遺産登録地の農林水産物は，ユネスコ自身が推奨したことを意味するものではない．ユネスコ「人間と生物圏」（MAB）計画が登録するユネスコエコパーク（日本における通称で，英語は biosphere reserve）でも，登録地の産物にユネスコのパビリオン神殿のロゴや MAB 計画のロゴを使えないかという相談がときどきユネスコ国内委員会に寄せられる．原則としてそれは行えない．しかし，「知床世界遺産の」昆布などという宣伝文句は，産地偽装でない限り，実際に使われている（図 6.1）．注意すべきことだが，産物そのものの認証と，産地の登録とは別である．この章では，世界遺産という国際条約にもとづく

図 6.1 「世界遺産で獲れる」と宣伝される羅臼産の昆布（http://www.rausu-konbu.com/ より）．地元漁業協同組合（漁協）の直営店は「世界自然遺産★羅臼漁業協同組合直営店」と宣伝している（http://www.northmall.jp/shiretoko/kaisen/ より）．

制度を，地域がいかに使いこなし，世界の渦に巻き込まれ，どのような魅力を獲得し，どのような負担を強いられてきたかを，知床世界自然遺産を例に論じる．それは，認証制度との共通点も多いことだろう．

　国際認証と同じく，世界自然遺産を登録し，その登録を維持するための地域の負担も軽くはない．申請作業は政府の事業であり，地域は政府に協力する立場にある．その点は認証制度とは異なる．しかし，世界自然遺産であるためにさまざまな自然保護などに関する規制が国から提案されることもあるし，ダム工事などをしたことで世間の批判にさらされることもある．つまり，ある種の人間活動が不自由になることがある．それまで地域で普通に行われ，だれにも知られずにいたことが，世界遺産になったことで世界遺産委員会に報告が求められ，説明のために対処することもあるだろう．5年ごとに政府は定期報告をユネスコに提出し，それに対して，いっそうの保護や英語の説明を加えるよう求めるなど，山のような勧告がくる．それに対処するのは政府の役割だが，地域に問い合せがくるので，地域活動そのものが窮屈になることもあるだろう．

　世界自然遺産の登録は簡単ではない．それまでに登録された世界自然遺産にはない，顕著で普遍的な価値が必要である．その登録がむずかしいから価値があり，地域にとって魅力も生まれる．この点も国際認証と共通するだろう．世界自然遺産と文化遺産では候補地選定の難易度が若干異なるし，国によっても異なる（田中，2012）．日本では自然遺産は環境省，文化遺産は文化庁が推薦地を選定して推薦作業を進める．文化遺産は地元自治体が松浦晃一郎ユネスコ前事務局長を招いて「世界遺産登録推進フォーラム」を開催するなどして熱心に活動し，国際審査機関である ICOMOS（International Council on Monuments and Sites；国際記念物遺跡会議）日本委員などの助言を得て，文化庁の推薦過程に持ち込まれているようである．

　それに対して，環境省は日本の世界自然遺産の候補地を絞り込む客観的な基準を定め，それにもとづいて，順位をつけて絞り込み，順番に推薦書を準備している．1993年に白神と屋久島，2005年に知床，2011年に小笠原が登録され，現在は南西諸島（奄美大島，沖縄本島，西表島）の推薦準備中である．

　小笠原の推薦準備のときの大きな課題は外来種対策であった．小笠原は一

度も大陸や日本本土とつながったことのない大洋島であり，在来哺乳類はオガサワラオオコウモリのみである．しかし人間が持ち込んだヤギ，ノネコ，ネズミ類などが在来生態系に大きな影響を与えている．小島嶼からのヤギの根絶，母島からのノネコの根絶など，ある程度の成果をあげた後での申請となった．南西諸島は奄美大島での民有地，沖縄本島での米軍基地や民有林を含めた合意形成が課題だが，まだ時間がかかるかもしれない．1つずつ推薦準備を行うという作業から，つぎの候補の推薦準備までにさらに時間がかかっている．この点は日本の世界文化遺産の推薦手続きとは異なる．

自然遺産候補地を政府がユネスコに推薦した後，国際自然保護連合（IUCN）の専門家が審査を行う．通常，政府がIUCN審査委員を現地に公式に招待し，助言を受ける．審査委員は報道機関のインタビューにも応じ，登録の可能性の感触が得られる．後で述べるように，知床の場合には，この過程で大きな試練が起こった．世界遺産委員会は毎年夏ごろに開催されるが，審査委員の勧告は5月ごろに公表される．勧告には登録（inscribe），再照会（referral），延期（deferral），登録不可（not to inscribe）の4通りがある．世界自然遺産の場合，IUCNによって登録勧告されれば，ほぼ世界遺産委員会で承認される．たとえ審査機関が2007年の石見銀山のように登録延期を勧告しても，推薦国が加盟国にさまざまな働きかけを行い，世界遺産委員会で登録が承認されることが多々ある．このように，条約という性格から，世界遺産の登録の最終的な判断は加盟国の投票に委ねられる（田中，2015）．

世界遺産は，登録後も5年ごとにユネスコに対する定期報告が義務付けられ，そのたびに審査委員会からさまざまな勧告を受ける．そもそも，登録時にも勧告が付いている．政府はその勧告にどう対処したかを定期報告のなかで説明する．後で述べるように，この勧告のなかには登録地に新たな負担を強いるような厳しいものも含まれる．それを満たさない場合にどうなるかが問題であるが，過去には世界遺産委員会による2例の削除手続きの事例がある（田中，2012）．また，危機遺産リスト（世界遺産としての価値が失われるおそれのある世界遺産のリスト）が設けられ，それに載せられる基準も定められている．急速な観光地化などの問題から，ガラパゴスがかつて危機遺産リストに載せられた（2010年にリストから除去）．危機遺産は毎年の報告が求められる．その他の国際的な登録制度である，ユネスコエコパーク，世

界ジオパーク，ラムサール条約，世界農業遺産（GIAHS）などの定期報告や削除の仕組みはそれぞれ異なる（田中，2015）．

このように，世界自然遺産に登録されることは，地元に利益も負担もある．さらに，その負担や制約は，地元の対応のやり方にも左右される．申請するときに地域のどんな価値をどう強調するかにより，承認の確率も異なるが，承認後の制約も異なる．魅力と制約の損得をどう使いこなすかを明らかにすることが，この章のねらいである．

ユネスコ，政府，自治体，地域に至るまで，それぞれの思惑の違いもある．それを理解しないと，「世界自然遺産」は使いこなせない．また，このような重層構造があるだけでなく，同じ政府でも環境省と林野庁では意見や思惑が異なることがある．自治体も，都道府県と市町村という縦の関係もあれば，登録地を構成する複数の市町村の間の関係もある．地域にも多様な利害関係者がいる．

世界遺産条約では，地域の利益ばかりが強調されるのではなく，国際的な利益，国家的な利益も同様に重視される．そのためには，条約や制度を地域のビジネスツールとして見るだけではなく，制度自体の改良を図ることも重要である．それは，ユネスコや日本政府と日本ユネスコ国内委員会だけでなく，世界自然遺産に登録した地元にとっても，利益になることがあるかもしれない．

知床世界自然遺産の時系列を表6.1に示す．この章では，時系列とは別に，論点ごとに議論する．

6.2 地域が選んだ世界遺産登録

知床では，登録申請時に知床世界自然遺産候補地科学委員会が設置された．これは先行する屋久島と白神にはない組織だった．科学委員会は，科学的なデータにもとづいて世界遺産地域の管理を行うのに必要な科学的助言を得るために学識経験者や行政機関で構成される組織である．その後，白神や屋久島にも設置され，さらに小笠原や南西諸島も登録前から科学委員会が設置されている．

知床世界自然遺産は，世界でもっとも低緯度に季節海氷（流氷）がくる地

表 6.1 知床世界自然遺産地域の歴史.

数千年前	先史時代から人間が居住.
10 世紀ごろ	オホーツク漁労文化.
1880 年代	富山県からの移住者による漁業.
1964	知床が国立公園になる.
1977	「しれとこ 100 平方メートル運動」始まる.
1980	遠音別岳原生自然環境保全地域を設置.
1995 年ごろ	羅臼漁協,スケトウダラ資源の減少のため漁船数 3 割削減,共補償.
1997	羅臼漁協,スケトウダラ産卵場保護のため自主的禁漁区設置.
2004.1	知床が世界自然遺産に推薦.
2004.3	知床森林生態系保護地域が設置.
2004.7	知床世界自然遺産候補地科学委員会発足.
2004.7	IUCN が知床視察.
2004.8	IUCN が河川工作物や海域保全などへの対策を非公式に求める.
2004.10	科学委員会が自主的に「IUCN からの指摘事項に関する意見」を作成.
2004.11	科学委員会助言を無視して政府回答.
2005.2	IUCN から登録海域拡大などを求める書簡が届く.
2005.3	科学委員会が「規制なき海域拡大」を助言.
2005.3	環境省が「新たな漁業規制をしない」という「公文書」を漁協に送る.
2005.3	羅臼漁協が自主的禁漁区の拡大を発表.
2005.7	知床が世界自然遺産に登録.
2007.12	知床世界遺産海域管理計画策定.
2008.2	IUCN・ユネスコ調査団が知床訪問.
2010	国際コモンズ学会が「日本の沿岸漁業の共同管理」を世界のインパクトストーリーに選定.
2012.6	世界遺産条約会議でルシャ川の決議.
2012	ルシャ川のサケマス孵化場撤去始まる(岩尾別川孵化場の増改築).
2013	知床岬にシカ捕獲大規模柵完成.

域とされ,アムール川が供給する鉄分が育むオホーツク海と知床の河川を往来するサケ類をヒグマが捕食することから,陸と海の生態系のつながりが世界遺産登録の要件である世界で唯一の顕著で普遍的な価値を満たすとされた.海域を含めた登録が必要だったが,知床の海域は漁場でもある.また,サケ

類が往来する河川には多くの河川工作物（小規模のダム）があり，その往来を妨げている．世界遺産登録の際に，海域の保護と河川工作物が大きな問題になった．

しかし，漁民は世界遺産になることで新たな漁業規制を受けることを警戒していた．環境省は新たな規制を設けないことを約束していたが，世界自然遺産を審査するIUCNは海域の保護強化を求める書簡を送ってきた（表6.1）．それが報道され，漁業者には世界遺産に否定的な意見が広まった．

当然ながら，自然が保護されていないならば，世界自然遺産登録は不可能である．新たな規制をしないとする政府と保護強化を求めるIUCNの意見は矛盾に見えた．けれども，日本の漁業管理は自主規制を基本としている．知床世界遺産科学委員会はそこに着目し，漁協自身によるさらなる保護強化という「奇策」を提案した．じつは，羅臼でも，1990年代に主要資源のスケトウダラが減ったとき，スケトウダラ専業漁船を180隻から130隻に減らし，残存漁業者が減船漁業者に15.6億円を補償したという．このような漁業者間での補償を共補償という．同時に，産卵場保護のために自主的な季節禁漁区を定めている（表6.1）．政府による規制だけが自然保護ではない．漁業者自身による自主管理は以前からの日本の沿岸漁業の伝統であった．

IUCNからの書簡に対して，漁協は，政府と北海道に，新たな規制強化をしないという確約を求めた．環境省は2005年3月29日付の公文書でそれを約束した（表6.1）．ただし，この公文書は，科学委員会の資料としては配布されたことはない．漁協が自主規制強化を決断しなければ，IUCNの登録勧告は得られず，世界遺産登録はかなわないだろう．科学委員である筆者は，漁業者には選択の自由があると述べた．下駄を預けられたかたちの漁業者は困惑したかもしれない．組合員内部では，自主規制強化に応じないという意見が多数派だったといわれる．しかし，組合長の決断もあり，羅臼漁協はスケトウダラの季節禁漁区の拡大を決断した．その際にも，これは世界遺産登録のためではなく，自主的な取り組みであると述べた．この決断は，政府の公約とIUCNの勧告を同時に満たす解として国際的にも高く評価されることになる．

はたして，2005年5月になって，IUCNは知床の登録を勧告した．しかし，同時に3年後の海域管理計画策定を急ぐこと，そのなかで海域保全の強化方

図 6.2 世界遺産登録内定と同時に漁業規制の懸念を報じる 2005 年 6 月 2 日付読売新聞（hokkaido.yomiuri.co.jp/shiretoko/rensai/sekai_20050602.htm より）.

策と海域部分の拡張の可能性を明らかにすること，2 年後に調査団を迎えることが求められていた．遺産登録が確実というううれしい報せなのに，伝え聞いた羅臼町長は「絶句した」と報じられている（図 6.2）．

世界遺産を推薦する主体は地域ではない．世界遺産は国際条約で定められたものであり，政府が候補地を定め，推薦し，登録後も政府の責任で IUCN の勧告などに対応する．この点は認証制度とは性格が異なる．したがって，IUCN 勧告の条件が漁業者の自主的努力によって満たされたとしても，世界遺産にふさわしい価値を満たす基準を全うし続けるのは政府の責務である．もし，漁業者が自主規制強化に応じなければ，政府には負の遺産が残ってしまうといえるだろう．

幸い，3 年以内の策定を求められた海域管理計画は 1 年後には案ができ，2007 年 12 月に「知床世界自然遺産地域多利用型統合的海域管理計画」として策定された．新たな規制を設けないという公約を満たすために，「すでに建っている家の設計図を描く」（松田，2013）という方針が，これを可能にした．その基本方針には，「海洋環境や海洋生態系の保全及び漁業に関する法規制，並びに海洋レクリエーションに関する自主的ルール及び漁業に関する漁業者の自主的管理を基調」とし，「海洋生態系の保全の措置，主要な水産資源の維持の方策及びそれらのモニタリング手法並びに海洋レクリエーシ

104　第6章　地域からの発信と世界の目

図 6.3　ユネスコ・IUCN 視察団への説明風景．前列左から通訳，ユネスコのラオ氏，IUCN シェパード氏，環境省渡邉氏（2008 年 2 月 21 日）．説明者側の筆者が撮影．

ョンのあり方を明らかにし，それらに基づき適切な管理を推進する」と記されている．すなわち，既存の漁業者および観光船などの自主的ルールを基調としつつ，水産資源だけでなく海洋生態系の保全を視野に入れたものになっている．海域管理計画にはこの海域のどの生物がどの生物を食べているかの食物網の図が描かれた．そこにはヒグマや海ワシ類も含まれている．さらに，各魚種別（一部はエビ類など生物種類別）の漁獲量と漁獲金額の経年変化の表がつけられた．大半の生物が人間に利用され，漁獲統計が得られている．そして，漁業行為自体が海洋生態系のモニタリングデータとなることを説明した（Makino *et al.*, 2009）．

　2008 年 2 月の IUCN とユネスコ視察団に対しては，環境省だけでなく科学委員会や漁協スタッフが説明した（図 6.3）．写真に写る彼らの対面には漁協メンバーと科学委員が並び，環境省や政府関係者は彼らの脇と後列に陣取っている．われわれの説明に喜んでいるように見える．

　この演出は環境省の英断ともいえる．地元の人々が世界遺産の管理運営の主役であることを印象付けることができた．

　このような自主規制強化による世界遺産登録を可能にしたのは，もともと，斜里町が「しれとこ 100 平方メートル運動」（表 6.1）と呼ばれるトラスト運動などの自然保護に熱心に取り組んできた歴史があるからだろう．彼らが

今まで行ってきた取り組みの延長上に，世界遺産推薦時の IUCN 勧告に応える土壌があったともいえる．

6.3 世界遺産がさらされる「世界の目」

　海域管理計画に今まで取り組んできたことを書き込んだだけだとしても，それはなにも変わらないという意味ではない．世界遺産の成功例といわれるほど，知床の取り組みは，世界中の人々の目に触れることになる．申請時にはよいことばかりを説明しても，悪いことがない地域はない．

　とくに，本来，世界自然遺産は手付かずの原生自然を想定した制度である．同じユネスコの MAB 計画では，生物多様性保全とともに自然資産の持続可能な利用のモデルケースとなることが評価される．けれども，世界自然遺産の評価項目には，持続可能な利用をほめる項目がない．

　登録後も試練は続いていた．2012 年世界遺産委員会では，ルシャ川のダム撤去決議案が提案された（図 6.4）．科学委員会でも，ダム撤去が必要という意見はあったが，下流に施設がある以上，ダムを撤去して災害がおよぶことは許されない．ダムの撤去は下流施設の撤去とセットでなければいけない．じつは，2012 年に下流施設であるサケマス孵化場の撤去が始まっている．

図 6.4　知床地域内のルシャ川にあるダム撤去決議案をめぐる議論（2012 年 6 月 29 日，環境省資料より）．

地元と政府が時間をかけて解決しようとしていることも，世界遺産になると容赦がない．他国の理解もあり，日本の取り組みを評価する決議案に修正された．

　世界遺産になったことで，環境保護団体は新たな保護措置の必要性を強く訴える傾向がある．彼らは審査する IUCN に対して意見を述べ，または世界遺産委員会の場で各国代表へのロビー活動などによる働きかけもあることだろう．知床世界自然遺産の審査でダム問題を担当したという IUCN サケ専門家グループのカウエット研究員は知床の河川やダムを視察し，「知床が日本の河川環境の保全の手本となってほしい」と訴えたと報じられた（2005年6月15日付の読売新聞）．審査の際に海域の保護強化を求められたとき，ある関係者は知床を捕鯨禁止区域にすると内々に語っていた．これらはいずれも日本の国策に影響する対応であり，知床のためだけに決められることではない．

　認証制度と同じく，世界遺産も定期報告への対応が迫られる．環境省と科学委員会の大半の仕事はそれである．海域も登録されているが，水産庁は林野庁と異なり，知床世界自然遺産管理計画の著者に名を連ねていない．新たな規制がないなら管理に加わる必要はないという立場と思われる．しかし，世界遺産の管理は国の責務であり，漁協ではない．けっきょく，科学委員会の海域管理ワーキンググループは北海道庁が事務を担当している．

6.4　世界が評価した「知床方式」

　しかし，ユネスコや IUCN も，成功事例を求めている．厳格にするだけでなく，世界遺産という制度により，ユネスコ活動を発展させたり，世界各地の自然保護運動が発展することに意義を見出すだろう．

　世界遺産の審査時には二度の書簡が届き，登録時には2年後の調査団派遣を求められるなど，すれすれで登録したかに見えた知床だが，2008年の調査団報告書は，知床が「他の世界自然遺産地域の管理のための素晴らしいモデルを提示している」と賞賛した．そして，2010年に国際コモンズ学会は，Makino et al.（2009）の論文をもとに，この顛末を「日本の沿岸漁業の共同管理」と題して，世界の6つのインパクトストーリーの1つに選んだ．

上記の調査団報告書では，政府主導のトップダウンの自然保護でなく，地域関係者のボトムアップの自主的取り組みが強調されている．これは「知床方式（Shiretoko Approach）」と呼ばれるようになった（Makino, 2012）．知床の科学委員会は，日本の世界遺産で初めて設置されたものだが，ほかの遺産などにも波及した．もともと，条約はトップダウンばかりの制度ではなく，ラムサール条約の水田決議（正式名称：「湿地システムとしての水田の生物多様性の向上」）のように，むしろNGOレベルからボトムアップで決まるような双方向のダイナミックな流れがある．
　この顛末を見ると，世界標準が固定したものではなく，逆に地域の新たな取り組みが新たな世界標準をつくりだす過程と見ることができるだろう．

引用文献

Makino, M. 2012. Fisheries Management in Japan. Springer, New York.
Makino, M., H. Matsuda and Y. Sakurai. 2009. Expanding fisheries co-management to ecosystem-based management : a case in the Shiretoko World Natural Heritage area, Japan. Marine Policy, 33 : 207-214.
松田裕之．2013．海の恵みと人の営み――知床．増澤武弘・澤田均・小南陽亮責任編集『世界遺産の自然の恵み』pp. 56-69．文一総合出版，東京．
田中俊徳．2012．世界遺産条約の特徴と動向，国内実施．新世代法政策学研究，18 : 45-78.
田中俊徳．2016．国際的な自然保護制度を対象とした国内ネットワークの比較研究――世界遺産条約，ラムサール条約，ユネスコMAB計画，世界ジオパークネットワーク．日本生態学会誌：66（印刷中）．

III
資源管理認証のトランスレーター

第7章
京都府底曳網漁業の資源管理とMSC認証
—— アジア初のMSC認証

山崎 淳

　京都府底曳網漁業の重要な漁獲対象種であるズワイガニおよびアカガレイは乱獲などにより資源が悪化し，漁獲量も減少した．同漁業では悪化した資源を回復させることを目的に，1983年に全国で初めてコンクリートブロックの設置による保護区を設定した．また，禁漁区の設定や混獲物を減らすための改良網の導入など積極的な資源管理の取り組みを行った結果，両資源は徐々に回復し，漁獲量も増加してきた．漁業者はこれらの取り組みを消費者にも伝えるべきと考え，海のエコラベルであるMSC認証の審査を受けることを決定した．本審査開始から2年以上を経て，2008年にズワイガニとアカガレイ漁業でアジア初となるMSC認証を取得した．5年後の再審査ではアカガレイ漁業が再認証され，生協や大手スーパーなどでMSC認証アカガレイが販売されている．今後，わが国でもMSC認証水産物の流通量が増加し，水産資源を漁業者と消費者とが一体となって管理するシステムが構築されることを期待する．

7.1　京都府の底曳網漁業の概要

　京都府の底曳網は1隻の漁船で海底のある範囲を囲むように網とひき綱を投入して巻き上げる駆け廻し式と呼ばれる漁法で，現在15トン未満の小型底曳網漁船（以下，小底）8隻と20トン未満の沖合底曳網漁船（以下，沖底）3隻の計11隻が稼働している．これらすべての漁船は京都府機船底曳網漁業連合会（以下，京底連）に所属する．底曳網の漁場は，隣接の兵庫，福井県の府県境と磯側は京都府漁業調整規則で規定されたライン（おおむね水深100 m），沖側はおおむね水深350 mで囲まれた海域である（図7.1）．

112　第7章　京都府底曳網漁業の資源管理とMSC認証

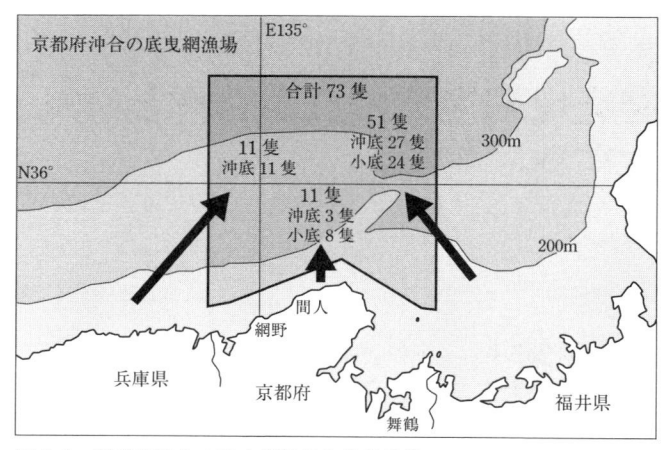

図 7.1　京都府沖合の底曳網漁場と操業隻数.

　この漁場には府内の底曳網漁船のほか，兵庫県の沖底 11 隻，福井県の沖底 27 隻および小底 24 隻がいわゆる入会操業する．

　漁期は 9 月 1 日から 11 月 5 日までの秋漁期，11 月 6 日から翌年 3 月 20 日までの冬漁期および 3 月 21 日から 5 月 31 日までの春漁期に大別される．6 月 1 日から 8 月 31 日までの 3 カ月間は，資源保護を目的として同漁業調整規則により禁漁期となっている．秋漁期にはおもにニギス，ヤナギムシガレイ，キアンコウ，アカムツおよびタイ類などが水揚げされる．冬漁期にはおもにズワイガニ，アカガレイ，ハタハタおよびヒレグロなど，春漁期にはおもにアカガレイ，ハタハタ，ソウハチおよびタイ類などがそれぞれ水揚げされる．

　近年の年間漁獲量は約 760 トン，漁獲金額は約 5.3 億円で推移している．漁獲量に占める魚種ごとの割合は，ハタハタが約 26％ともっとも多く，次いでアカガレイの約 19％，ズワイガニの約 14％となっている．漁獲金額ではズワイガニがもっとも高い約 61％を占めており，アカガレイが約 12％およびハタハタが約 8％を占める．このように，底曳網漁業の経営はズワイガニ資源に大きく依存している．

(1) ズワイガニ漁業の規制と漁獲量

　京都府を含む日本海西部海域（石川県能登半島以西）のズワイガニ漁業には，農林水産省令や関係漁業者の協定などによる各種規制が行われている．省令は1955年に定められ，漁期や漁獲サイズ（甲幅）の制限などが取り決められた．また，1964年には日本海西部海域でズワイガニ漁を行う石川県，福井県，京都府，兵庫県，鳥取県，島根県の1府5県の関係漁業団体で「日本海ズワイガニ特別委員会」を設立した（事務局は全国底曳網漁業連合会）．本委員会では関係漁業団体が協定を締結し，省令で定められた漁期や甲幅制限を強化するとともに，1航海あたりの漁獲量を制限している．2014年の本委員会の協定による自主規制の内容は表7.1のとおりである（全国底曳網漁業連合会，2014）．ここで，水揚げされるズワイガニの銘柄は雄ガニ，雌ガニおよび水ガニに大別される．水ガニとは脱皮して約6カ月以内の甲羅が柔らかい雄のカニで，甲羅が硬い通常の雄ガニに比べ身の入りが劣ることから，

表7.1　日本海ズワイガニ特別委員会および各府県の自主規制．

漁期	雄ガニ	全府県	11月6日から翌年3月20日	
	雌ガニ	全府県	11月6日から12月31日	
	水ガニ	福井	2月1日から3月20日	
		兵庫・鳥取	1月20日から2月末日	
		京都・石川	漁獲禁止	
漁獲サイズ	雄ガニ	全府県	甲幅90 mm以上	
	雌ガニ	石川・福井・京都	発眼した腹部纏絡卵を有する成体	
		兵庫・鳥取	同上かつ甲幅70 mm以上	
	水ガニ	福井	甲幅100 mm以上	
		兵庫・鳥取	甲幅105 mm以上	
1航海あたり漁獲制限	雌ガニ	全府県	日帰り船	5000尾以内
			1晩泊り船	8000尾以内
			1航海船	16000尾以内
	水ガニ	福井・兵庫・鳥取	日帰り船	800尾以内
			1晩泊り船	1600尾以内
			1航海船	2300尾以内

市場価値は雄ガニの約10%と低い．また，水ガニは交尾能力を持たないことから，生物学的には未成熟といわれている（Conan and Comeau, 1986）．特別委員会の自主規制では，再生産に直接関与する雌ガニについては，省令で定められた漁期の短縮，省令では漁獲が認められている成体ガニ（アカコ）の採捕禁止，また1航海あたりの漁獲尾数が制限されている．水ガニについても同様に，漁期の短縮，甲幅制限の拡大（京都府，石川県は漁獲禁止）および1航海あたりの漁獲尾数が制限されている．

日本海西部海域のズワイガニ漁獲量は，1960年代の半ばと1970年ごろに約1万5000トンのピークが見られた（図7.2）．その後は1970年代の半ばから急激に減少し，1990年代の初めにはピーク時の約10％となる約1600トンにまで落ち込んだ．なお，1960年代と70年代に見られたピークは，前者は市場価値が高い大型の雄ガニが主体で，後者はそれらが減少し小型の雄ガニが主体となったことから，70年代の資源状況は60年代に比べ悪化していたことが推察されている（尾形，1974）．1990年代の半ばから漁獲量は徐々に増加傾向を示し，2007年には約5000トンにまで回復した．資源の豊度を表す資源密度指数の推移は，漁獲量の推移とほぼ同じ動向を示しており，このことからも1970年代からの漁獲量の減少は資源量の減少が原因であったと判断できる．京都府のズワイガニ漁獲量は，統計が整理されている1964年以降で見ると，1964年の約400トンをピークとし，1970年代の半ばから

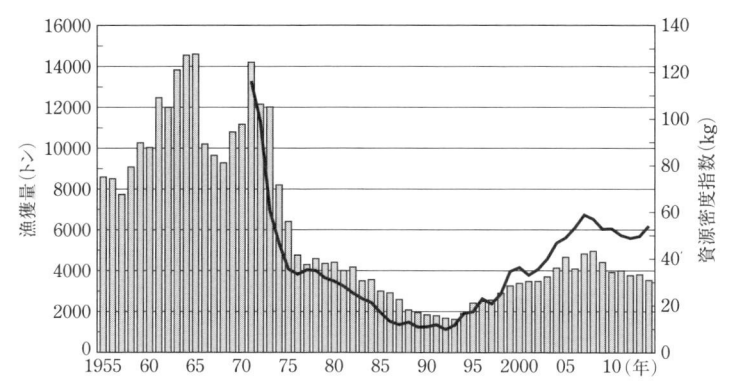

図7.2 日本海西部におけるズワイガニ漁獲量と資源密度指数（上田ほか，2015より）．

急激に減少し，1980年には約60トンに減少した．その後，1980年代の半ばから徐々に増え始め，1999年には約200トンまで回復した．このように，漁獲量の推移は京都府と日本海西部海域とで同じ傾向を示しているが，減少傾向に歯止めがかかり，回復し始めたのが早かったのが京都府の特徴である．

表7.1では2014年の自主規制の内容を示した．資源が悪化した1970年ごろにも内容は多少異なるが，漁期の短縮，雌ガニの採捕禁止の強化および1航海あたり漁獲量制限は設定されていた．すなわち，当時のズワイガニ漁業ではこれらの制限がうまく機能していなかったことを示している．

(2) ズワイガニ資源管理の取り組み

保護区の設置

1970年代の半ばから漁獲量が急激に減少したことから，漁業者をはじめ研究者にはこれまでの省令や自主規制の取り組みだけではなく，新たな管理を始めないと資源は枯渇するとの危機感が高まった．このようななかで，筆者の所属する海洋センター（京都府農林水産技術センター）では，漁業者に対し「保護区」の設置を提案した．これは漁場の一定範囲内の海底に大型のコンクリートブロックを置き（図7.3），物理的に底曳網の操業を禁止し，

図7.3 コンクリートブロックの設置．

その区域内でズワイガニを保護するというものであり，それまで日本海の水深200 mを超える深海でコンクリートブロックを設置した事例は皆無であった．この提案には，漁業者の意見は否定的なものばかりであった．保護区を設置することで資源が回復すればよいが，もし効果がなかった場合，一度海底に置いたブロックの回収は不可能であるため，結果的には自分たちの漁場が狭まるだけである．漁業者，研究者および行政の三者による会合を重ねた結果，漁業者は最終的に「なにか新しい管理を始めない限りズワイガニ資源は枯渇する」との断腸の思いで保護区の設置を決断した．こうして全国で初めてのズワイガニを対象とした保護区が，1983年に京都府沖合の水深270 m域に設置された．保護区の規模は2マイル×2マイル（約13.7 km^2）で，区内には1辺3 mのコンクリートブロックが計83個設置された．

保護区の設置後には，区内におけるズワイガニの密度を調べるために，

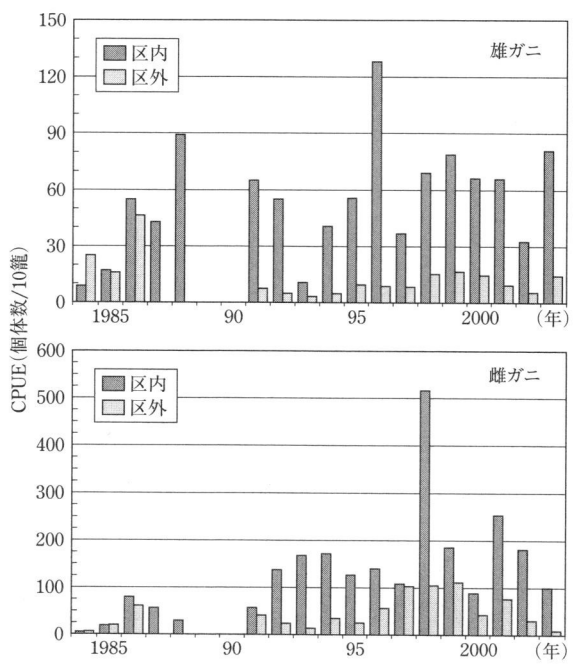

図 7.4 保護区内と区外におけるズワイガニ CPUE．

1984年からカニ籠による試験操業が行われた．試験操業は区内および区内と同じ水深帯の区外でも実施し，保護区の内外で密度を比較した．1984年から2003年までの保護区内と区外の10籠あたり採捕個体数の推移を図7.4に示した．雄ガニでは1986年ごろまでは約20-40個体で推移し，区内外での差は見られなかった．それ以降は，区外が20個体未満で推移したが，区内は約30-120個体と増加し，両者に有意な差が見られるようになった．雌ガニにおいても1986年ごろまでは全体の採捕個体数は少なく，区内外で差は見られなかったが，それ以降は区外が約100個体未満，区内は約100-500個体で推移し，雄ガニと同様に採捕個体数は区内が区外に比べ有意に多いことが明らかとなった．その他，標識を付けたカニの放流調査などの結果と合わせて，保護区の効果について半信半疑であった漁業者は，その効果を実感するようになった．

京都府沖合では，それ以降にも第6保護区まで設置し，また第1保護区の拡大と合わせて（図7.5），保護区の総面積は約67.8 km^{2}となり，ズワイガ

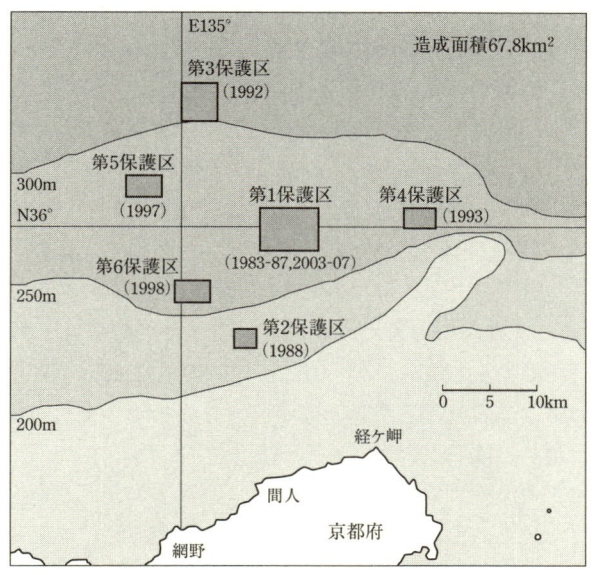

図 **7.5** 京都府沖合におけるズワイガニ保護区の設置場所と規模．カッコ内は造成年．

ニの漁場面積の約 4.4% を占めている．ちなみに，この面積は東京ディズニーランドの約 133 倍，甲子園球場の約 1700 倍に匹敵する広大なものである．1983 年に漁業者が一大決心して行った保護区の設置という壮大な実験は，今やズワイガニ資源管理のもっとも代表的な方策として広まり，現在は日本海西部の各県の地先に保護区が設置されている．

秋漁期と春漁期の禁漁区の設定

秋漁期と春漁期には省令によりズワイガニの採捕が禁止されている．しかし，これらの漁期の主要な漁獲対象種であるアカガレイやハタハタ漁では，その漁場がズワイガニの生息域と重複することから，混獲が起こる．船上に揚げられたカニは水揚げが禁止されているため，カレイなどの選別が終了した後に海中へリリースされる．混獲されるズワイガニの個体数は時期や場所により多少は異なるが，小底であっても多い場合には 1 回の操業で 3000 個体にもおよび，少ない場合でも 100 個体前後である（山崎，1994）．リリース後の生残率は時期により大きく異なる．気温や海面水温が 20℃ を超える秋漁期には 0-10% 前後ともっとも低く（山崎・宮嶋，2013），これはズワイガニが生息する水深 200 m 以深の海底との温度差からのダメージのためである．一方，春漁期には海面水温は 20℃ 以下となり，生残率は約 90% と高くなる．ただし，春漁期のアカガレイ漁における混獲量はとくに多いため，混獲による死亡は無視できないことが指摘されている（山崎，1994）．

このように，省令によりズワイガニの採捕が禁止されている春漁期や秋漁期において，混獲死亡が深刻な問題として存在しており，京都府の底曳網漁業では混獲を軽減するための取り組みが実践されている．秋漁期については，1979 年よりズワイガニのおもな生息域である水深 220-350 m 域が禁漁区となり，昼夜の操業禁止が取り決められた．この自主規制は京底連と入会操業する福井県および兵庫県の漁業者団体が協定を締結し，また漁業者間で相互監視するなど規制の順守が徹底されている．

春漁期の主たる漁獲対象種は，ズワイガニに次ぐ水揚げ金額を占めるアカガレイであった．そのため，漁業者はアカガレイ漁で多くの混獲があることは認識していたが，秋漁期のような禁漁区を設定することは想定していなかった．しかし，上述したようにアカガレイ漁での混獲死亡が無視できないこ

とを漁業者に示し，議論の結果，水深230-350 m域をすべて禁漁区とするという結論に達した．その後，府内の漁業者をはじめ研究者や行政担当者も一緒になり，入会操業する隣接県の漁業者への協力依頼を行い，1994年には春漁期に水深230-350 m域が禁漁区に設定された．この自主規制についても，秋漁期と同じように，関係漁業者による協定が締結された．春漁期の禁漁区設定による死亡率の低減は，データでも証明されている（山崎ほか，2001）．

改良漁具の開発と導入

1994年以降，春漁期のアカガレイ漁は禁漁区外の水深230 m以浅で行われているが，この操業においても小型ズワイガニの混獲が見られていた．一部の漁業者からは，ここでの混獲をなくすために，さらに禁漁区を広げるべきとの指摘があった．一方，これ以上の禁漁区の拡大は，アカガレイ漁がまったくできないことを意味し，漁業経営を考えると不可能との意見が大部分であった．そこで，漁業者からはカレイ類は水揚げし，ズワイガニは曳網中に網外に逃がすことができる改良漁具の開発についての要望が出された．試行錯誤の結果，完成したのが図7.6の改良網であった（宮嶋ほか，2007）．改良点は網口に近いところから「登網」，60 cmの大きな目合（網目を伸ばしたときの長さが60 cm）で構成される「選択網」，網の上下を仕切る「仕切網」を新たに取り付け，底網の一部を切り落とし「排出口」を設けた．網に入ったカレイ類は遊泳力を持つので，「登網」，「選択網」，「仕切網」を通

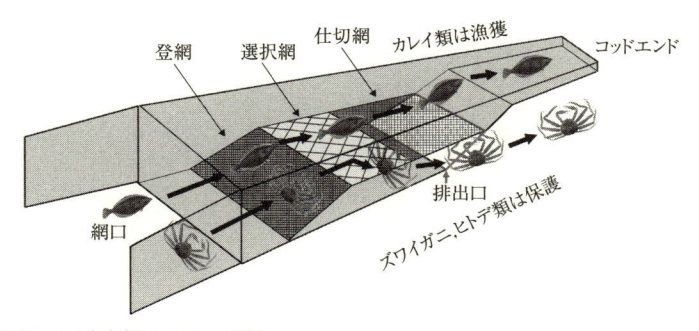

図 **7.6** 改良網のイメージ図．

り，網奥の魚捕り部分であるコッドエンドへ到達する．一方，ズワイガニは遊泳しないため，「選択網」の大きな網目から下方へ落ち，「排出口」から網外に逃げることができる．改良網を使った試験操業を行った結果，網に入ったアカガレイの約80％を漁獲し，同時にズワイガニの約90％を排出し，保護できることが明らかとなった．改良網による操業では，ズワイガニやヒトデ類の混獲が大幅に減少することから，乗組員の船上での選別時間が短縮され，ひいては水揚げ物の鮮度向上も期待できる．また，これまでの漁網で水揚げされたアカガレイは，網内でカニやヒトデと擦れ合い，鱗が剥がれたり，傷が付いたりするものがめだったが，改良網の場合にはカニやヒトデがいないことから，鱗の剥離や傷はほとんどなく非常にきれいな状態であった（京都府農林水産技術センター海洋センター，2009）．このように，改良網による操業では，ズワイガニの混獲を軽減し，船上での選別時間が短縮され，また傷などがなくきれいで高鮮度なカレイを水揚げすることができる．本改良網は2002年から府内のすべての漁船に順次導入された．

水ガニの漁獲禁止

水ガニは，先にも述べたように，生物学的には未成熟で，市場価値は低いことから，水ガニの漁獲は資源の持続的かつ有効利用の点で不合理である．また，水ガニは1–3年後には雄ガニになることから，水ガニの漁獲を自粛すれば雄ガニが増える．水ガニ漁獲については新たな管理を行う動きはなかった．ところが，1998年に例年に比べ資源量の多い年級が甲幅90 mmとなり，水ガニとして漁獲対象に加入してきた．産地市場には甲幅90 mm台の水ガニが大量に水揚げされ，産地価格は生かしたものでも1個体数十円まで暴落した．このことが水ガニの新たな漁獲管理の取り組みを後押しし，京都府では翌年から採捕禁止サイズが甲幅90 mm未満から100 mm未満に拡大され，水ガニ解禁日12月21日が1月11日となり，20日間の漁期短縮が実践された．さらに2008年には，京都府では水ガニの採捕を全面的に自粛した．このときには，入会漁船の合意，協力は得られていなかったが，府内の漁業者だけでも実践するという強い意志によりスタートした．水ガニの漁獲制限では，1998年に漁獲サイズの拡大と漁期短縮を開始し，2008年には漁獲を全面禁止にしたことにより，雄ガニの1曳網あたり漁獲量は以前に比べ高く推

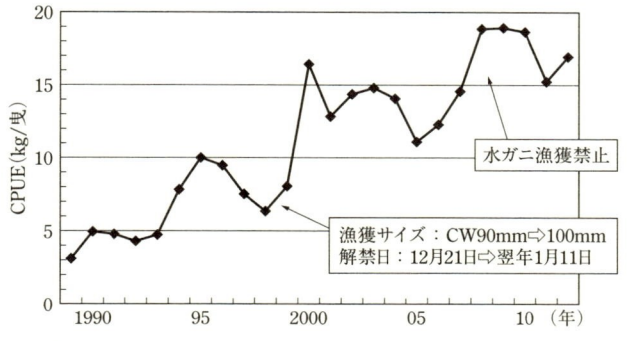

図 7.7 京都府漁船による雄ガニ CPUE.

移しており，その効果が認められている（図 7.7）．他県の入会漁船の取り組みへの協力体制は，2008 年当時に比べると大きく前進しているが，現在においても全船で同じ内容での実践には至っておらず，今後の課題となっている．

ズワイガニ資源の回復

乱獲や混獲により減少したズワイガニ資源は，保護区の設置，春漁期や秋漁期での禁漁区の設定，改良網の導入および 2008 年からの水ガニの全面漁獲禁止などの取り組みにより回復してきている．日本海西部の各県沖合においても資源管理の取り組みが行われており，沖底による資源密度指数の推移から，資源は 1990 年代から徐々に回復していることがわかる（図 7.2 参照）．ズワイガニの資源管理は，ほぼ同じ場所に生息するアカガレイ資源にも波及効果が現れている．アカガレイ漁獲量はズワイガニと同じように，乱獲などの影響により 1980 年代に急激に減少したが，2000 年前後から徐々に回復傾向が見られている（藤原・上田，2015）．

(3) 京都府底曳網漁業の現状と課題

京都府北部地域では，ズワイガニは冬の観光産業にとっても重要な資源となっている．京都府のズワイガニ漁獲金額は約 3-4 億円であるが，北部地域の観光産業への経済効果は少なく見積もっても約 300 億円と推定されている

（未発表）．観光客を対象にしたアンケート調査では，回答者の約90%が府北部がカニの産地であることを知ったうえで訪れていることがわかった．もし北部地域でカニが水揚げされなかったらという問いに対しては，冬の観光をやめる，カニを求めて他県の産地へ行くとの回答が80%を占めた．すなわち，底曳網漁業は消費者へ魚介類を供給するだけではなく，北部地域で重要な観光産業へも大きな影響を与えており，その社会的な役割はきわめて大きい．

一方，ズワイガニ資源の回復にもかかわらず，底曳網の経営体数は後継者の不在や魚価の低迷による漁獲金額の減少，燃料の高騰などによる経費の増大にともなう漁業経営の悪化などが原因で減少している．底曳網の可動隻数は1980年には29隻であったが，2000年には18隻，2010年には14隻，2014年には11隻にまで減少した．

7.2　MSC認証取得への決断

京底連ではズワイガニやアカガレイを持続的に利用するために，これまで述べてきたようにさまざまな資源管理の取り組みを実践している．しかし，京都産ズワイガニやアカガレイを購入した消費者には，これらの取り組みのことはほとんど伝わっていないのが現状であった．水産資源は国民共有の財産であり，その資源を持続的に利用することは生産者である漁業者に課せられた義務である．一方，消費者の義務とはなにか．消費者は漁業サイドのような法的な規則や乱獲を防止する義務を負うことはないが，乱獲を引き起こしている漁業で水揚げされた水産物を購入するのではなく，適正に管理された漁業で水揚げされた水産物を購入することが1つの役割ではないかと考える．このことにより，消費者も持続可能な漁業に参画することになり，国民共有の財産である水産資源を漁業者と消費者とで管理，利用することが可能となる．底曳網漁船の減少に歯止めをかけるには，このような消費者のサポートも重要ではないかと考えた．

そして，海のエコラベルであるMSC（Marine Stewardship Council；海洋管理協議会）認証に関する情報を得た．MSCは乱獲による水産資源の枯渇に歯止めをかけ，資源の持続可能性を推進するために，1997年に世界自

然保護基金（WWF）と世界最大級の消費財メーカーのユニリーバによって設立された英国ロンドンに本部を持つ国際 NPO 法人である．1999 年には，MSC は両者から独立した．MSC は「持続可能な漁業のための原則と基準」を作成し，これにしたがい第三者機関が審査を実施し，合致した漁業に対し MSC 認証が与えられる．原則とは，原則 1 では資源が持続的に利用されていること，原則 2 では漁業が環境に配慮していること，原則 3 では規則を守る仕組みが整っていること，となっている．認証を取得した漁業で水揚げされた水産物には，MSC のエコラベルを付けて，流通，販売することができる．認証漁業で水揚げされた水産物とそれ以外の水産物とを流通・加工過程で明確に区別する必要があることから，別途加工流通過程の管理認証（Chain of Custody；CoC 認証）があり，流通・加工などの過程で MSC エコラベルを付ける業者は CoC 認証を取得する必要がある．なお，認証漁業で水揚げされた水産物であっても，CoC 認証を取得していない事業体に一度でも所有権が移ると，それ以降は認証製品として取り扱うことはできない．

　MSC 認証は，漁業者の資源管理の取り組みを消費者に伝えるには有効なツールになると考えられた．当時，MSC 認証を取得していたのは，米国アラスカのサケ漁業，同ベーリング海とアリューシャン列島のマダラ，スケトウダラ漁業，英国南西部の大西洋サバ漁業など欧米を中心とした 16 漁業であった．ここで MSC 認証が取得できれば，アジア初の事例となり，消費者だけではなく，流通，加工や小売業者に対しても大きなアピールができ，付加価値の向上が期待できる．そこで，漁業者全員に MSC 認証についての説明を行った．その結果，これまでの自分たちの資源管理の取り組みを消費者にも伝えることができる，あらためて今後も資源管理の継続を再確認する機会となる，また数年後には水揚げ物の付加価値が高まることが期待できる，などの意見でまとまり，京底連は MSC 認証の審査を受けることを決断した．

(1) MSC 認証審査と認証取得

　MSC 認証の審査は，MSC から独立した機関 ASI（Accreditation Services International）から認定された「認証機関」によって行われる．審査の過程は予備審査と本審査に大別される．

予備審査

　予備審査は，当該漁業が本審査に進むことが可能かどうかを判断するために行われる．京底連は豪州に本部を持つ認証機関と契約し，2005年4月に予備審査を受けた．予備審査には3日間を要し，予め認証機関から示された質問事項に対し，書面などで回答するとともに，漁港に出向き漁船や漁具などの視察も行われた．おもな質問事項は漁業の概要，対象資源の資源生態や調査内容および自主規制を含む各種関係法令などであった．予備審査の時点で対象とした資源はズワイガニ，アカガレイ，ヒレグロ，ソウハチ，ハタハタおよびニギスの6種であった．予備審査で得られた情報を認証機関がとりまとめ，同年9月に認証機関から予備審査レポートが提出された．予備審査の結果，科学的エビデンスが整っているズワイガニとアカガレイの2種について，認証取得の見込みがあると判断された．なお，MSC認証の審査過程はすべてMSCホームページで公開されるが，予備審査の過程は非公開で行われる．

本審査

　京底連の本審査は予備審査と同様の認証機関と契約した．本審査の過程には，①評価項目の作成と公開，②書類審査と漁業者インタビュー（現地審査），③利害関係者の公聴会，④審査レポートの作成と公開，⑤審査レポートのピアレビュー，⑥最終審査レポートの公開，などがある．書類審査，漁業者インタビューおよび利害関係者の公聴会は，2006年5月に現地で行われた．本審査のすべての過程は公開されており，詳細は下記のMSCホームページを参照されたい．また，京底連の予備審査から本審査までの概要は，京都府立海洋センター季報（京都府立海洋センター，2008）にも記述されている．
MSCホームページ http://www.msc.org/track-a-fishery/fisheries-in-the-program/certified/pacific/kyoto-danish-seine-fishery-federation-snow-crab-and-flathead-flounder/assessment-downloads

　MSC認証の審査費用は漁業規模などにより異なるが，京底連の場合には約700万円であり，うち半額は米国の持続的漁業を推奨するファンドSFF (Sustainable Fisheries Fund) からの助成を受けた．

認証の取得

　京底連は 2008 年 9 月にズワイガニ漁業とアカガレイ漁業でアジア初となる MSC 認証を取得した．本審査から 2 年以上の年月を要したが，これは MSC 認証がわが国はもとより，アジア地域でも初めての事例であったこと，とりわけわが国と欧米との資源管理に関する考え方が異なることから，その説明や最終審査レポートの修正に多くの時間が費やされたためであった．京底連が京都府沖合で実践している資源管理の内容については十分な理解が得られ，高く評価された．両資源は日本海西部の広域に分布し，それが 1 つの系群となっていることから，地先の資源管理だけではなく，海域全体の管理制度，すなわち漁獲可能量（Total Allowable Catch；TAC）および漁獲努力可能量（Total Allowable Effort；TAE）も原則 1 および 3 の審査対象となった．

　認証取得後には京都府産ズワイガニ，アカガレイが MSC 水産物として流通したが，当時は CoC 認証を取得する業者が少なく，流通量はごく限られたものであった．とくにズワイガニは高度なブランド化が進んでおり，かなり限定された仲買業者による取り扱いが多く，これらの業者が CoC 認証を持たないことから，MSC 水産物としての流通量は少なかった．CoC 認証を持つ業者が少ないのは，認証の取得と維持コストが大きいこと，消費者の MSC 認証に対する認識が十分ではなく（大石ほか，2010），そのコストを回収できないなどが原因と考えられた．なお，エコラベルを貼り付ける場合には，その業者に対し利用料が課せられており，年間の取扱金額に応じた年費用と売上の 0.5% のロイヤリティを MSC に支払う必要がある．

(2) 認証の再審査

　MSC 認証では，毎年の年次監査と 5 年ごとに認証継続のための再審査を受ける必要がある．認証を取得してからは，年次監査費用の負担が続き，その間のズワイガニとアカガレイの MSC 水産物としての流通量も思うように増えなかった．このようななか，再審査の時期が迫ってきた．一部の漁業者からは経済的に合理性が見られず，継続を断念すべきとの意見が出された．一方，これまで資源管理に取り組んできて，国際的な認証を取得し，消費者へもそのことを PR してきたものが，認証を断念することになれば，逆に負

のイメージにつながるとの意見もあった．京底連は長年持続可能な漁業管理を実践しており，資源管理に対する意識は非常に高い．それでも京底連が2008年漁期に他県の入会漁船の協力が得られない状況で水ガニの漁獲禁止に踏み切れたのは，認証取得が大きな後押しとなったと多くの漁業者が語った．2009年には京都府漁業協同組合連合会（現在は京都府漁業協同組合，以下，京漁協）が京底連をバックアップするためにCoC認証を取得し，2011年からは大手スーパーとの取引が成立した．このこともあり，京底連は認証を継続するための再審査を受けることを決定した．

再審査の書面審査は2012年12月に行われた．再審査の過程についても上述したホームページを参照されたい．再審査ではアカガレイについては再認証されたが，ズワイガニについては原則1の平均点が80点未満（76.5点）となり，結果的に再認証されなかった．ズワイガニでは，原則1の「資源目標値と下限値が対象漁業資源に適切に設定されている」，「漁獲管理規則と手段」など，原則3の「長期資源管理目標の設定」の評価項目で80点未満となっており，これらは京底連の問題ではなく，TAC制度がMSCの基準に適合していないことを意味する．

審査の際の評価項目（評価指標と得点基準）は，以前は審査対象となる漁業ごとに審査チームにより作成されていたが，すべての漁業審査の一貫性を高め，費用を抑え，より迅速な審査を行うために，MSCにより2008年に既定の評価項目が作成された．この改定は漁業のパフォーマンスに対する審査基準を変えないとされているが，以前よりもより厳しくなったとの情報もある．

(3) MSC水産物の流通・販売

現在，京底連のMSC認証に対するCoC認証は，京漁協とイオンが有しており，京漁協の場合はほかに産地仲買3業者が加入するグループ認証となっている．2012-2014年に京漁協が扱ったMSC認証アカガレイは（図7.8），舞鶴産地市場に水揚げされたアカガレイの約7-15%であり，平均価格は同市場における通常のアカガレイの約1.6-1.8倍であった．ただし，MSC認証アカガレイが一定サイズであるのに対し，通常のアカガレイには大小さまざまな銘柄が含まれており，同一銘柄での比較にはなっていないため，この

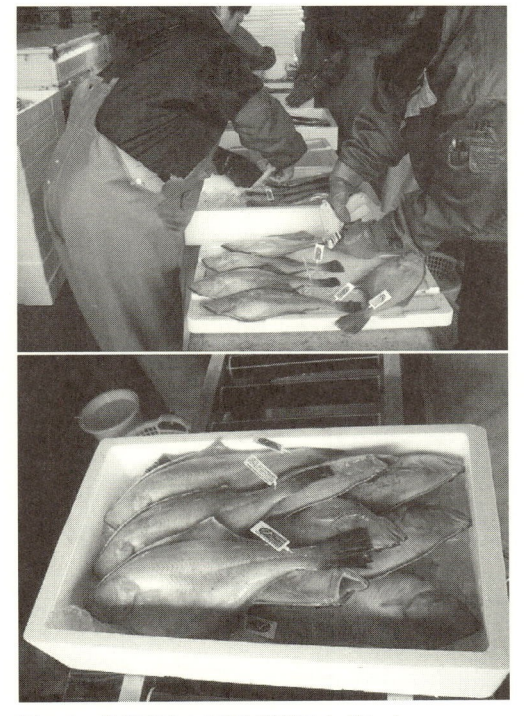

図 7.8 京都府産の MSC 認証アカガレイ.

点は今後精査が必要である．おもな流通先は京都生協，関西圏のほかの生協および関東の大手スーパーなどであり，これらには新たな流通チャネルとなったケースも含まれる．このように，徐々に MSC 認証水産物が流通するようになってきた．しかし，アカガレイを購入する仲買業者の大部分は CoC 認証を持たないことから，MSC 認証水産物としての流通量は依然限定的なものとなっている．京漁協が購入量を増やすことも考えられるが，京漁協は市場開設者の立場でもあり，飛躍的な増加は現実的には困難な状況にある．京底連は CoC 認証も有しており，漁業者自らがエコラベルを付けることができる．エコラベルの存在を消費者に広く伝えるには，漁業者によるエコラベルの貼り付けは有効と考えられている（若松，2012）．ただし，エコラベルの貼り付けには上述したように使用料が発生するため，コスト面での負担

がより大きくなることから，実現していない．

7.3 MSC 認証の価値と可能性

わが国では消費者のエコラベルに対する認知度が低いが，消費者にはエコラベルの存在だけを説明してもその評価は低く，水産資源に問題があり，資源管理の必要性をあわせて説明するとエコラベルの評価は高くなる（大石ほか，2010；若松ほか，2010）．筆者は京底連の資源管理の取り組みをサポートしてきたが，学生のゼミ，地域コミュニティーの会合や地元観光の PR などの場で，京底連の資源管理の取り組みと MSC 認証について紹介することがある．そこで初めて，資源管理の必要性や漁業現場の苦労などが伝わり，MSC 認証の意義が理解される．その際には，参加者からはどこで MSC 認証水産物が購入できるのかを問われるが，今のところ流通量が少なく，どこでも手軽に購入できないと答えることになる．消費者がエコラベルを理解しても，その先の購入まで続かないのが現状である．国内の外資系ホテルからは，漁業の持続可能性について意識の高い欧米人の利用が多いことから，ホテル内のレストランの食材に MSC 認証水産物を扱いたいとの要望がある．エコラベルの認識を高めることに加え，このような持続可能な漁業に対する意識が高い消費者と生産の現場とを確実につないでいくことが重要と考える．現在，京漁協，小売店および京都府が連携し，鮮魚売場において MSC 認証アカガレイを対面販売するイベントが行われている．このような機会を増やし，消費者に対し積極的に PR することも重要なことである．

京底連のような小規模漁業での認証継続については，欧州では地域政府や取引先の加工会社や製造会社からのコスト面でのバックアップを受けている．認証を継続させ，消費者のエコラベルへの評価を高めるためには，審査費用の補助だけではなく，年次監査費用およびエコラベルの使用料に対してもバックアップが必要と考える．消費者がエコラベルの価値を認識するには，まずは水産資源に対する漁業管理の問題への認識が必要であることから，今後も引き続き漁業現場での問題やそれを解決するための取り組みについて地道に情報発信することが重要である．また，魚介類という身近な食材について，生産現場でなにが起こっているのか，問題が生じたとき漁業者はどのような

努力をしているのか，このようなことは義務教育の場でしっかりと学ぶべきことなのかもしれない．水産資源を生産者と消費者とが一体となって管理，利用するシステムがエコラベルをツールとして構築されることを期待する．

引用文献

Conan, G. Y. and M. Comeau. 1986. Functional maturity and terminal molt of male snow crab, *Chionoecetes opilio*. Canadian Journal of Fisheries and Aquatic Sciences, 43：1710-1719.

藤原邦浩・上田祐司．2015．平成26年度アカガレイ日本海系群の資源評価．水産庁．

京都府立海洋センター．2008．海のエコラベルMSC認証——資源と環境に優しい京都底曳網漁業．季報，95：1-15.

京都府農林水産技術センター海洋センター．2009．底曳網で漁獲されるアカガレイの鮮度．季報，98：1-13.

宮嶋俊明・岩尾敦志・柳下直己・山崎淳．2007．京都府沖合におけるカレイ漁に使用する駆け廻し式底曳網の選別網によるズワイガニの混獲防除．日本水産学会誌，73：8-17.

尾形哲男．1974．日本海のズワイガニ資源（水産研究叢書）．日本水産資源保護協会，東京．

大石卓史・大南絢一・田村典江・八木信行．2010．水産エコラベル製品に対する消費者の潜在的需要の推定．日本水産学会誌，76：26-33.

上田祐司・養松郁子・藤原邦浩・松倉隆一・山田達哉・山本岳男・本多直人．2015．平成26年度ズワイガニ日本海系群の資源評価．水産庁，東京．

若松宏樹．2012．MSC認証が日本漁業に与える影響——京都府機船底曳網漁業連合会を事例として．ロードアイランド大学環境資源経済学部報告書．

若松宏樹・内田洋嗣・C. Roheim・C. Anderson．2010．日本の水産市場におけるシーフードエコラベルの潜在需要分析．WWFジャパン，東京．

山崎淳．1994．ズワイガニの生態特性にもとづく資源管理に関する研究．京都府立海洋センター研究論文，4：1-53.

山崎淳・大木繁・田中栄次．2001．京都府沖合海域における標識再捕データによる成体雌ズワイガニの死亡係数の推定．日本水産学会誌，67：244-251.

山崎淳・宮嶋俊明．2013．京都府沖合における底曳網によるズワイガニ混獲量とリリース直後の生残率．水産技術，5：141-149.

全国底曳網漁業連合会．2014．平成25年度日本海ズワイガニ漁獲結果総まとめ資料．全国底曳網漁業連合会，東京．

第8章
森林認証制度を見定め活動する
―― タスマニア森林保全と企業への働きかけ

川上豊幸

　さまざまな認証制度のなかでも，森林認証制度は比較的早期に策定されるとともに，多くの企業の調達方針などにも取り入れられることによって，森林保全活動への影響力を発揮するツールとなってきている．一方で，NGOから批判を受けている伐採事業が森林認証を得たり，認証製品の原料に利用される事例も起きるなど，森林認証制度については，その実態を見定めておく必要がある．そのうえで，環境NGOとして森林認証制度をうまく利用し，森林保全のための企業への働きかけが有効に働いた事例を紹介する．

8.1　タスマニアでの原生林伐採

　タスマニアは，オーストラリアの南端に位置するハート型の島で，大きさは北海道よりも，ひとまわり小さく，人口は北海道の10分の1の40万人程度である．広大な森林地域が広がっており，日本の製紙原料となる木材チップの主要な供給地として，2003年当時は輸入木材チップ全体の約16％を占めていた．その供給元となっていたのが，ガンズ社（Gunns Ltd.）で，2000年代前半の最盛期には，日本向けの最大の木材チップ企業で，日本の大手製紙会社の多くが購入していた．ガンズ社は植林地も保有していたが，主要な木材チップの供給元は，タスマニア州の州有林だった．オーストラリアは植民地だったこともあり，広大な森林地域は多くが州有林となっている．この州有林は，州政府所有の企業体であるタスマニア林業公社（Forestry Tasmania）が管理し，ガンズ社に木材を供給していたが，タスマニアの原生林を含む森林を伐採した木材を扱っていた．しかし，その後，現地のNGO活動や日本でのNGO活動も一定の影響を与えることで，ガンズ社は

FSC認証を得るように方向転換を迫られたものの，十分に対応することはできなかった．その間には，経営者の交代や天然林伐採を止める方向性も打ち出したが，頼みの綱となっていた新事業（パルプ工場計画）にも市民社会からの反発が強く，2012年9月末に金融機関から見切りをつけられて破綻した．その後，負債の清算，また他社への売却を経て，今は植林木で事業再開をしている．

　このタスマニアの原生林伐採による森林破壊の歴史は長く，日本企業が原料調達のために進出してきた約40年前の1970年代から問題になっていた．しかし，この問題は長年解決されず，現地では，地域社会を分断するような深刻な対立となってきた．そうした伐採を可能にしていたのは，タスマニア林業公社やガンズ社，タスマニア州政府，豪州連邦政府のみならず，それらを購入していた日本の製紙会社の存在であった．

　タスマニアの森林は，世界的に見ても，広く原生林地域が残され，非常に貴重な希少種・固有種・絶滅危惧種などの野生動物や植物が多数生息している地域である．絶滅危惧種としては，オトメインコ，オナガイヌワシ，広歯

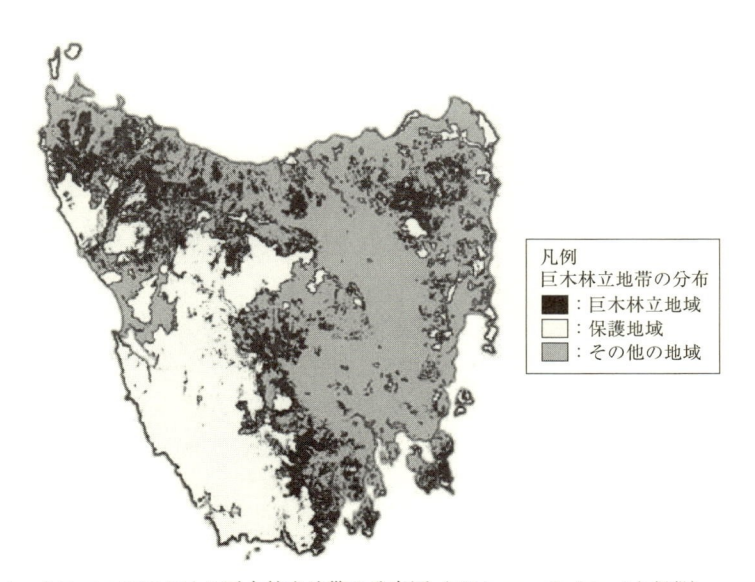

図 8.1　タスマニアにおける巨木林立地帯の分布図（Wilderness Society より提供）．

クワガタ，オオフクロネコ，タスマニアデビルなどがいる．これらの原生地域は生息地として非常に重要で，太古の森と呼ばれる原生林も残っている地域であり，伐採地に隣接する地域は，ユネスコの世界遺産（複合遺産）の「タスマニア原生地域」に指定されている．タスマニアの保護地域は広大な面積が指定されているが，図8.1にあるように，保護対象となっている地域は，大部分が巨木林立地域ではない．多くの巨木林立地域は伐採活動が行えるようにするために保護地域には指定されていなかった．つまり，世界遺産と同等と評価されるような場所も，世界遺産地域には設定せず，伐採対象とされていたのである．

Wilderness Societyなどの豪州NGOは，この巨木林立地域についても世界遺産地域を拡張して保護対象とすることを提案していた．図8.2は，それらの保護提案地域の多くが伐採予定地として設定されていることを示している．これらの地域は世界遺産としての保護価値があるが，木材蓄積量も多く，生育条件のよい場所でもある．よって，業界としては，保護指定が行われる前に伐採することによって，単位面積あたりで多く木材生産ができる場所を

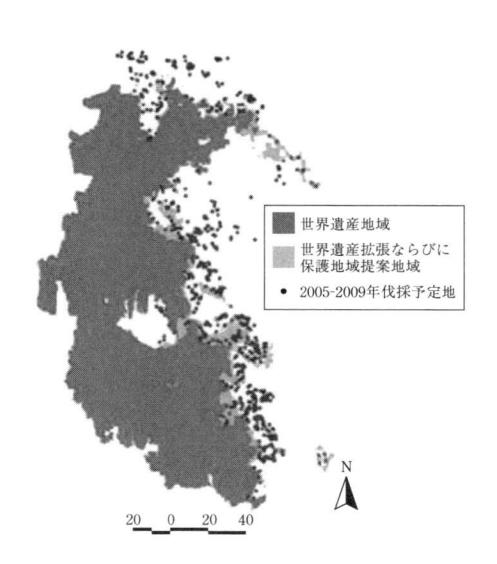

図 8.2　世界遺産地域と拡張提案地域での伐採地域（Wilderness Societyより提供）．

生産用地として確保しようと，とくに樹高の高い木が生息する巨木林立地域を優先して伐採していたと推測されている．現在はガンズ社が植林木チップ事業へと転換し，伐採面積は大きく減少している．ただマレーシアの企業であるタ・アン社が誘致され，日本向けの床材合板向けの単板生産のために天然林伐採は継続されており，豪州政府は2014年には，追加した地域の世界遺産の取り消し申請すら行っている（熱帯林行動ネットワーク，2012; AFP, 2014).

伐採対象には樹齢が110年以上の「成熟林」の樹木が主要な構成となっている「原生林 (old-growth)」の森が含まれ，なかには400年に達するような樹齢の樹木を含む森林も伐採されていた．これらの森林は，FSC認証（後出参照）では「保護価値の高い森林（High Conservation Value Forest; HCVF)」として保全対象と位置付けられる森林だが，皆伐していた．とくに，セイタカユーカリ（*Eucalyptus regnans*）という，広葉樹として世界一高い木が優占する森林地域面積は，1996年から2006年までの10年で約20％の面積が減少した．一方，巨木林立の湿潤ユーカリ林全体では約7％の減少となっている．政府によって公式に認められている「原生林」の定義は狭く，タスマニアの森林全体では29％が原生林とされているが，セイタカユーカリでは17.5％（1996年時点）のみとされ，その43.7％は保護されず，セイタカユーカリ天然林全体では約7割が伐採対象という状況だった．湿潤ユーカリ林全体では，62％が伐採対象となっていた（レインフォレスト・アクション・ネットワーク，2007)．また，原生林を含めた天然林全体の皆伐面積は，年間1万5000 ha に達していたとされる．こうした大規模な施業は，植林地への転換であるという批判を受け（WWF, 2004)，2011年以降は縮小したが，現在でも皆伐後の在来種播種を天然林の「再生」と位置付けることにより継続している（Forest Practices Authority, 2012).

さらに，オトメインコやオナガイヌワシなどの絶滅危惧種の生息地なども伐採対象になっており，重大な影響をおよぼしているとして，オーストラリア緑の党党首（当時）が，タスマニア林業公社に対して裁判を起こし勝訴した．しかし，上級審では逆転判決となり，法律上も合法との解釈となってしまった．第1審では，豪州連邦とタスマニア州の間の地域森林協定（Regional Forest Agreement; RFA）の規定では，絶滅危惧種に対して十分な保護措

置をとることができておらず，重大な影響を与えていることが認定され，RFA違反で伐採凍結となった．しかし，タスマニア林業公社側が控訴した上級審での判決では，事実認定をせず，RFAの下での伐採事業では，EPBC（Environment Protection and Biodiversity Conservation Act；環境保護・生物多様性保全法）のような絶滅危惧種への保護措置を求めてはいないという解釈が支持された．RFAでは，伐採事業における実施規則で一定の保護措置が求められるとされることから，EPBCが求める保護措置は適用除外となっていた．ところが，RFAには，そうした義務はないとなると，EPBCにRFAという抜け穴があることになり，伐採事業に対して保護措置は機能していないことになる（川上，2008）．

8.2　2つの国際的な森林認証制度——FSCとPEFC

(1)　タスマニアにおけるPEFC

　タスマニア州有林での伐採事業は，ほぼすべて国際的な森林認証制度であるPEFC（Program for the Endorsement of Forest Certification）との相互承認を得ているAFS（Australian Forestry Standards）認証を取得している．この制度は，政府の規制措置や業界の意向にもとづいて策定しつつ，国際的な森林認証制度である．PEFC認証との相互承認を得られるように設計されている．しかしながら，上記のような原生林の伐採や，伐採事業が絶滅危惧種の生息地に重大な影響を与えるといった問題があっても，AFSとして認証されるような基準と解釈となっており，それをPEFCも了承している．結果として，PEFC認証は，HCVFと考えられる原生林や絶滅危惧種の生息地の伐採も可能な認証制度だということになる．AFSのみならず，米国やカナダ，スウェーデン，フィンランド，チリ，スペイン，マレーシアなどのほかの地域の認証制度についても，PEFCと相互承認している認証制度については，さまざまな批判が行われている（Ford and Jenkins, 2011）．また最近，PEFCと相互承認されたインドネシアの認証制度のIFCC（Indonesian Forestry Certification Corporation；インドネシア林業認証団体）では，長年，熱帯雨林の伐採と植林地への転換を進めてきたことで批判を受けてきた

APP社やAPRIL社の原料供給地も認証を得ている．これらの製紙会社は，改善に向けた誓約を発表し，実施に向けた活動を行っているとはいえ，現時点でも，地域住民との土地紛争が多数継続している状態にあり，IFCC/PEFCの規定に合致しているとの評価には，大きな疑問がある（Greenpeace, 2015）．

AFSの認証基準については，その作成過程で，環境団体や消費者団体なども含めて多様な団体を「バランスのとれた委員会」として認証基準作成団体に入れるようなルールとなっていた．多くの環境団体はAFSに批判的であり，対立していたので，当時，環境団体は基準策定委員会には入っておらず，環境NGOが空席となったまま認証基準が策定されるなど運営にも問題があった．つまり，AFSは，上記のような問題に対処することなく，「持続可能な森林経営」を主張するPEFCと認められており，環境NGOからみれば，不適切な環境表示であるグリーンウォッシュや環境偽装といった批判の対象であった（Australian Conservation Foundation *et al.*, 2005）．

(2) FSCとPEFCとの違い

現在，国際的な森林認証制度には，FSCとPEFCがある．FSCはForest Stewardship Council（森林管理協議会），PEFCはProgram for the Endorsement of Forest Certification（PEFC森林認証プログラム）である．FSCとPEFCは，同じような森林認証制度と考えられているかもしれないが，さまざまな違いがある．FSCは，「1992年リオで開催された地球サミットで，森林減少の抑止に向けた合意を生み出せなかったことから，企業，環境保護活動家，コミュニティーの伝統的首長のグループなどが集まり，Forest Stewardship Councilを設立しました」と述べている（FSC, 2015a）．一方で，PEFCでは，「PEFC森林認証プログラムは，小規模林家や家族経営の林家からの要望に応えるため，独立した審査，各国の森林認証制度の承認を実行する国際統括組織として，1999年6月30日に，11カ国の森林認証制度の代表によりパリで発足しました」と説明している（PEFC Asia Promotions, 2015）．PEFCは当初，汎ヨーロッパ森林認証（PEFC; Pan European Forest Certification）としてヨーロッパで発足した．その後，2004年にチリやオーストラリアなど非ヨーロッパの認証制度が加わり，略

称は同じままで，現在の名称に変更された．PEFC のウェブサイトでは 2015 年 6 月 30 日時点で，39 カ国の森林認証が加盟しているが，そのうち 36 カ国で相互承認されている．日本でも，SGEC（緑の循環認証会議）と呼ばれる団体が PEFC に加盟し，相互承認のための申請を行っている．

　FSC では，認証を行うための国際的に統一した原則（principle）や基準（criteria）があり，これを各国の事情に合わせたかたちで国内基準を策定することが可能だが，基本的には国際的に同一基準と整合性のある基準を適用することとなる．適合性の確認決定は FSC の理事会で行う．

　PEFC は，各国独自の森林認証制度が先行し，それを束ねるかたちで発足した．とくに当初は，PEFC が相互承認を行う条件となる基準は，努力目標型のものが多く，基準の書き方も，「目指す」とか「努力する」というような表現が多いものだった．FSC のような一定の基準を満たすという意味でパフォーマンスをチェックする認証制度というよりも，システム認証に近いものだった．システム認証とは，システム自体を評価する認証制度で，環境マネジメントシステムを認証する ISO14001 のように，その実施体制としてのシステムを評価する．これにより容易に各国のさまざまな基準を相互承認することが可能となり，国際的に広がっていったとも考えられる．

　しかし，こうした体制には環境 NGO 側から PEFC への批判がたえずあり，それへの対応という面もあったと思うが，2010 年 11 月に PEFC ST1003 という新たな基準が導入された．30 カ月の移行期間が設定され，2013 年 5 月までに，すべての相互承認されている PEFC 認証制度が，この基準を満たすこととなった．よって，現在，この最低基準となる PEFC ST1003 にもとづいてチェックする体制に変更されている．ただし，ST1003 は各国の認証制度が PEFC との相互承認を行うための基準であり，現場で確認されるのは，各国の森林認証制度の基準である．したがって，PEFC は，それぞれの法律を基盤として策定された各国独自の認証制度の利用を前提とするという仕組みになっている点が FSC とは異なる．

　また，PEFC の製造・加工・流通における認証（CoC；Chain of Custody）は加工，流通における分別管理の方法や手続きを定める基準となる認証制度で，2013 年に策定された ST2002 にもとづいて，どのような非認証材を混ぜてもよいか，また，どのように分別管理を行うのかという基準を定めてい

る．混ぜてはいけないものを「問題のある出処（controversial sources）」とし，混ぜることが可能なものを「管理材」と規定している．FSC でも同様に混入可能なものを「管理材」と呼んでいるが，FSC のほうが厳しい規定水準となっている．

　こうした基準のあり方にも影響を与えている問題として，認証制度としてのガバナンスの問題がある．FSC と PEFC とでは認証制度としてのガバナンスのあり方が異なっている．PEFC においては，各国の認証管理団体（NGB；National Governing Body）があり，これに国際ステークホルダー会員と特別会員を加えた PEFC の統括組織として評議会がある．評議会では毎年総会を行い，総会で理事会を選出し，理事会が執行委員会を選出する．この執行委員会事務局が実働部隊となっている．総会の投票では，基本的には過半数での可決となるが，以下のように規定がされているために，国際ステークホルダーよりも，NGB 会員の発言力が大きく設定されており，さらに，生産量の多い国の NGB 会員の発言力が大きい．「13. 全 NGB 会員は，国際連合欧州経済委員会や国際連合食糧農業機関が正式に発表する各国の年次木材切出し量にもとづいて，1000 万 m^3 以下，1000 万-3000 万 m^3，3000 万 m^3-1 億 m^3，1 億 m^3 以上，の 4 つの分類にしたがって 1 から 4 票を有する」，「14. すべての国際ステークホルダー会員は 1 票を有するが，この種類の会員の総投票数は，NGB 会員の総投票数の 50％相当数を超えてはならない．すなわち，総会の総投票数の 3 分の 1 を最大限とする」．このように基本的には，林業大国の認証管理団体らが統括する体制となっている．年次木材切出し量が 1 億 m^3 以上の国は，米国，カナダ，3000 万 m^3 以上 1 億 m^3 以下は，スウェーデン，フィンランド，ドイツ，フランスなどが含まれる．

　一方で，FSC の総会は，3 年に一度行われるが，総会の投票は，経済，社会，環境の 3 分野で，それぞれ分会（Chamber）を持つとともに，各分会内で南北地域での副分会を持っており，3 つのグループが同じ投票数を持つように配分している．FSC 総会の会員には，業界団体，NGO，認証団体，個人を問わず，さまざまな参加者が参加する一方で，「バランスのとれた発言権，公平な采配での投票といった特徴」（FSC, 2015b）を保つ仕組みとなるよう意図されている．さらに，可決されるために必要な票数は，「投票に参加した FSC 会員全員の 3 分の 2 の賛成票を得ること．投票に参加した社

会，環境，経済の各会員のそれぞれ2分の1の賛成票を得ること」となっている．つまり，「幅広い賛成票だけでなく，社会，環境，経済それぞれの利害に一致する動議でないと，可決はされない仕組み」で，各利害領域でのバランスを欠かないような配慮がなされている（FSC, 2014）．

8.3 FSC 管理材とされていたガンズ社の PEFC/AFS 認証材

　日本の紙製品の原料として利用されていたガンズ社の木材チップは，大部分をタスマニア林業公社が管理している州有林から得ていたので，AFS 認証材であると同時に，PEFC 認証材だった．しかし，この問題のある木材が FSC 認証紙にも利用可能となっていた．かといって，タスマニア林業公社が管理する州有林が FSC 認証を受けているわけではない．では，なぜ AFS/PEFC 認証材が FSC に利用可能となっていたのか．FSC 認証制度では，FSC 認証材のみで製品を製造することが困難な場合に，FSC 認証原料に混ぜることが可能な非認証材を「管理材」として規定している．どのようなものを管理材とするのかについては，その評価基準と評価方法が定められている．とくに紙製品では，大規模生産のために大量の原料が必要となるために，すべての原料を FSC 認証材原料でまかなうことが困難である．そこで，生産工程で管理材を利用することができるが，実際に投入した FSC 認証材の量に応じた生産量しか，FSC 認証製品として認められないというクレジット方式を採用している．しかし，製品としての FSC 認証紙の原料として利用される以上，管理材であっても，一定の基準を満たすことが求められている．FSC が掲げている基本的価値を最低限実現できるように，5つの基準として，①違法伐採でないこと，②保護価値の高い森林が脅威にさらされていないこと，③労働などの市民的権利や伝統的権利が侵害されていないこと，④遺伝子組み換えでないこと，⑤天然林の転換を目的とした伐採によって搬出された木材でないこと，などの基準を満たしたものとしている．つまり，FSC 認証は得ていないが，「管理材」は FSC の価値を確保するうえで最低限の基準ということになる．

　2008 年以前は，FSC の管理材の評価プロセスは，確認手法が弱く，緩いものとなっていた．管理材評価は，FSC 製品の生産や加工を行う業者がリ

スク評価を行い，認証機関が監査を行うこととなっていた．それはサプライヤーによる自己宣言を認めるという確認手法であり，客観性の乏しいものだった．そのために，上記のような5つの基準があったとしても，タスマニア林業公社やガンズ社が日本の製紙会社に対して，これは管理材の基準を満たすといったサプライヤーの自己宣言書を作成して提供しておくという程度の非常に緩い基準だった．タスマニア林業公社から得たガンズ社の木材チップはFSC管理材としてFSC認証紙にも利用されていた．筆者ら（Rainforest Action Network；RAN）は，さまざまな情報収集をするうちにこの状況をつかんだ．事の重大さから，FSCに連絡を取り，ガンズ社のように，原生林や絶滅危惧種の生息地といった保護価値の高い森林を皆伐するような破壊的な施業を行う地域からの木材チップがFSC管理材として認められていることの問題点を，2007年の初秋にFSCとFSCの認証機関の認定を行っているASI（Accreditation Service International）に連絡した．

　こうした管理材をめぐる問題は，タスマニア以外でも起きており，FSC会員となっているNGOを含めて問題点を指摘・批判していた（Greenpeace, 2008）．FSCも対応策を進め，そうしたサプライヤーによる自己宣言は認めず，利用企業が原料についてのリスク評価を要求することを規定したFSC-STD-40-005のverison 2の導入を2006年に採択した．2007年1月には一次加工業者に対して施行され，2008年1月には日本の製紙会社などの二次加工業者にも適用することとなっていた．つまり，2008年1月1日以降は，こうした規定を満たすことが必要となっていた．FSC認証の管理材のリスク評価においては，たとえAFSやPEFC認証を取得していたとしても，管理材として認められるわけではない．先述の5つの基準について定められた指標にもとづいて評価を行い，すべてを満たすことが求められる．

　しかし，ガンズ社の管理材に対しては，2008年の3月時点でも，そうしたリスク評価も行われず，version 1の規定でのサプライヤー宣言を継続していた．そこで，FSCでは，認証機関の審査パフォーマンスを監査する機関であるASIから，ガンズ社の管理材評価報告の監査を行っていた認証機関のSGSジャパンに対して，「重大な是正措置」が出された．これを受けてSGSジャパンは日本の製紙会社に対して，ガンズ社の木材チップについて，3カ月以内に管理材のリスク評価を実施するように「重大な是正措置」を伝

えたが，製紙会社は3カ月では対応できなかったため，けっきょく，ガンズ社の木材チップを管理材としてFSC認証材に混入して利用することはできなくなった（FSC, 2008）．そのために，FSC認証紙の生産・供給が一時的に停止されるという事態にも陥った（週刊ダイヤモンド編集部，2008）．製紙会社は，FSCの対応を批判したが，認証機関であるSGSが監査していた自らのリスク評価に不備があったわけで，適切な対応を取っていなかったことが原因である．FSCがWWFに送った書簡によれば，ASIがSGSに「重大な是正措置要求」を発行したのは，「『管理木材』と認められた木質チップの原産地についてASIに誤った情報を提供したため」，「失効しているFSC規格（FSC-STD-40-500 V1）にもとづいたリスク評価を受け入れたため」，「原材料を調達している認証取得者ではなく，供給者によって実施されたリスク評価を受け入れたため」と明記されている（FSC, 2008）．

　2008年は，年初には古紙偽装問題が発覚して，その後，このガンズ社からのFSC管理材利用停止問題が発生し，秋にはリーマンショックの急速な景気後退のために製紙需要が3割減となるなど，製紙業界にとってはたいへんな1年となった．この景気後退によって，日本の製紙会社としては，紙の販売量も激減し，原料の木材チップを大量に確保する必要がなくなるという事態となった．メディア報道などの資料によると，2010年にタスマニア州政府の担当者などが来日して売り込みをしたときも，日本の製紙会社は，ガンズ社の木材チップをFSCに使えるのであれば購入するが，FSCに使えないものは必要ないとして，ガンズ社に対してもFSC取得を要請したという（Krien, 2012; Beresford, 2015）．日本の製紙会社は主要な販売先であったので，ガンズ社はFSC認証の取得や管理材基準を満たすことが求められることとなった．しかし，原生林や絶滅危惧種の生息地を含む保護価値の高い森林（HCVF）の保護がなされていない状況では，そうした対応は非常に困難であった．また当時，ガンズ社は，付加価値の見込めるパルプ工場投資を計画しており，木材チップ会社からパルプ会社への転換を目論んでいた．その投資パートナーとして想定していたスウェーデンのソドラ（Sodra）社からも，豪州のNGOの働きかけを通じて，新規パルプ工場の木材チップはFSC認証植林木のみを利用するという条件が付き，ガンズ社によるFSC認証の取得，天然林利用の停止が重要課題となった．ガンズ社の木材は，2010年5

月に一部の地域からのものについては管理材として認められたものの，ガンズ社やタスマニア林業公社の森は FSC 認証を取得できないまま，ガンズ社の業績は悪化し（Krien, 2012），オーストラリア産の天然木チップの日本への輸出は減少していった．これは，現地 NGO による投資家への働きかけが有効に働いた結果でもある．

　森林認証制度にはさまざまなものがあり，基準や認証された森林の状況を見ていくことによって，実情を見極めていくことが必要となる．PEFC 認証制度においても，PEFC に相互認証されているすべての認証制度に問題があるわけではなく，ヨーロッパでは，そもそも国の法律が厳しく，非常に高い基準を持つ認証制度も存在する．つまり，PEFC 認証には，きわめて高い基準を持つものもあれば，AFS 認証のように持続可能な森林経営とはいえないようなものもある．このバラツキ状況は，ボトムアップ方式である PEFC の宿命ともいえることではあるものの，問題なのは相互承認の審査基準 PEFC ST1003 の要求水準が低く設定されたり，解釈されていることだろう．筆者は，こうした問題には，認証機関の審査のあり方に加えて，認証制度のガバナンス構造が関係していると考えている．PEFC においては，環境 NGO などの関与が小さく，FSC のように総会での環境分野や社会分野への決定権が確保されておらず，大国の NGB 会員の意向が強く反映する総会の投票権の構造となっている．よって，最終的にはガバナンスの改善が必要になるものと考えている．

　FSC については，管理材についての評価が甘く，基準を満たさないようなものが含まれている事例への対処が進められている．これまで各企業が管理材評価を実施して，認証機関が監査する体制から，各国レベルでマルチステークホルダーでの議論を行って，国としての統一的な管理材評価へと移行が進められている．管理材ではなく，本来の FSC 認証においても，認証機関によって不適切な認証が発行されている事例もあり，NGO を含めた監視体制が不可欠な状況にある．認証制度は，どこかに完成されたものがあるというのではなく，NGO を含むステークホルダーのせめぎ合いのなかで，とりあえず定められたものにすぎない．たえず変化し，改善されていくものと考えておいたほうがよいだろう．よって，重要なステークホルダーとして NGO が「番犬」（Watchdog）としての役割を果たして，適切な運用の手助

けを行うとともに，責任ある森林管理の実現に向けて，これを活用していくことが必要となる．

このようなガンズ社が凋落していく状況や現地 NGO による活動などは，最近発行された Krien や Beresford による書籍にくわしい（Krien, 2012; Beresford 2015）．また，これらの書籍には記されていないが，2008 年にガンズ社の木材チップを日本の製紙会社が FSC 認証紙を生産するために利用できなくなった事件が発生していたことや，そうした判断を FSC が行う背後で，日本の NGO と協力しながら，RAN が FSC や ASI に対して情報提供を行っていた．オーストラリアやタスマニアの現地では，市民や NGO からの非常に強力な反対運動があるが，業界を支えている資金は日本からきており，いくら市民が反対しても貴重な森の伐採が続いていた．こうした商業伐採を資金面で支援していた日本の買い手へのキャンペーンを通じて，この歴史的な問題の解決に向けて一定の貢献をすることができたと考えている．このガンズ社に対するキャンペーン活動において，認証制度を利用した活動が有効に働いたといえる．いずれガンズ社の管理材としての認証は剥奪されることになっていたともいえるが，筆者らの活動で，それを迅速かつ確実にしたといえるのではないかと考えている．これは NGO が森林認証制度を活用しつつ，迅速に状況の改善に向けて企業を動かすことができた 1 つの事例だろう．

引用文献

AFP. 2014. ユネスコ，豪タスマニアの世界遺産取り消し要請を拒否 2014 年 06 月 25 日 16：20．

Australian Conservation Foundation, Friends of the Earth, Greenpeace Australia-Pacific and The Wilderness Society. 2005. Open Letter From Australian National ENGOs.

Beresford, Q. 2015. The Rise and Fall of Gunns Ltd. New South Publishing, Sydney.

Ford, J. and A. Jenkins. 2011. On the Ground 2011：The Controversies of PEFC and SFI.

Forest Practices Authority. 2012. State of the Forests Tasmania 2012. Booklet by the Forest Practices Authority. Hobart, Tasmania.

FSC. 2008. Sourcing FSC Controlled Wood Material from Gunns Ltd.（FSC から WWF ジャパンへの書簡）．

FSC. 2014. 2014 年 FSC 総会 動議一覧. FSC.
FSC. 2015a. https://jp.fsc.org/3220720250.13.htm（2015 年 8 月 29 日閲覧）
FSC. 2015b. https://jp.fsc.org/fsc123982750821490.10.htm（2015 年 8 月 29 日閲覧）
Greenpeace. 2008. Out of Control : High Conservation Value Forest Logging under FSC Controlled Wood in Finland. Greenpeace.
Greenpeace. 2015. Greenpeace, RAN Warn of Forest Certification Greenwash. Greenpeace.
川上豊幸. 2008. タスマニア絶滅危惧種保護を巡るワイランタ裁判での逆転敗訴の意味. フェアウッドパートナーズ, 東京. https://www.fairwood.jp/news/mmbn/mmat/vol031_1.html（2015 年 8 月 29 日閲覧）
Koch, A., A. Chuter and S. Munks. 2015. IVG Forest Conservation Report4 : Defining and managing oldgrowth forests. http://www.environment.gov.au/system/files/resources/eefde0e6-0f83-486d-b0c3-8b1d25abc497/files/ivgconservation4definingoldgrowth.pdf（2015 年 8 月 29 日閲覧）
Krien, A. 2012. Into the Woods : The Battle For Tasmania's Forest. Black, Coolinigwood.
熱帯林行動ネットワーク（JATAN）. 2012. JATAN がタスマニアの現場を視察——タ・アンへの木材供給地. http://www.jatan.org/?p=2272（2015 年 8 月 29 日閲覧）
PEFC Asia Promotions. 2015. http://www.pefcasia.org/japan/about/short_history.html（2015 年 8 月 29 日閲覧）
レインフォレスト・アクション・ネットワーク（RAN）. 2007. 誰がタスマニアの森を切っているの？ 買っているの？ タスマニア森林破壊と日本紙業界の隠された真実. レインフォレスト・アクション・ネットワーク, 東京.
週刊ダイヤモンド編集部. 2008. 第二の表示偽装問題か？ 製紙業界に新たな「疑惑」. 週刊ダイヤモンド. ダイヤモンド社, 東京.
WWF Australia. 2004. A Blueprint for the Forest Industry and Vegetation Management in Tasmania. WWF Australia, Sydney.

第9章
持続可能なパーム油調達をサポートする
―― RSPO認証が果たす役割

武末克久

　日本でRSPOという言葉や，RSPO認証のトレードマークを知っている人はどのくらいいるだろうか．ましてや，RSPO認証商品であることを理由にその商品を選択して買う人は，わずか一握りのごく限られた人に違いない．この本を手に取っていただいている，環境問題や途上国における開発問題に関心が高いだろう人たちですらそうなのではないか．そう考えると，認証制度が持続可能な開発に与える影響力など，限られたものでしかないと思えてくる．しかし，認証制度に大きな可能性を見出している人も少なくないだろう．本章では，持続可能なパーム油に関する認証制度を運営するRSPO（Roundtable on Sustainable Palm Oil；持続可能なパーム油のための円卓会議）の仕組みや，最新の動向，企業がRSPO認証パーム油の使用を拡大させる動機に触れながら，RSPO認証制度の役割を企業目線で考える．また，筆者は，環境経営コンサルタントとして，会社を取り巻くさまざまな環境問題に適切に対応することで，事業をより持続可能にするためのお手伝いをしているが，企業の持続可能性と地球環境の持続可能性の両方にとってRSPO認証パーム油の普及が重要であると考えている．その立場から，日本においてRSPO認証パーム油の使用がさらに広がるために，環境経営コンサルタントが果たすべき役割についても考察する．

9.1　持続可能な認証パーム油とは

　パーム油は，ヤシの一種であるアブラヤシの実から得られる油脂である（アブラヤシの種から搾油されるものをパーム核油というが，本章では特筆しない限り，パーム油とパーム核油を合わせて「パーム油」という）．パー

表 9.1　日本の RSPO 加盟企業一覧（2015 年 5 月 10 日現在，社名 50 音順；RSPO, 2015a）.

味の素	サラヤ	日油
ADEKA ケミカルサプライ	三洋化成工業	日光ケミカルズ
池田物産	J-オイルミルズ	日清オイリオ
伊藤忠商事	資生堂	日本エマルジョン
磐田化学工業	双日	丸善薬品
エックス都市研究所	第一工業製薬	丸紅
花王	太陽油脂	三井物産
川研ファインケミカル	玉の肌石鹸	三菱商事
高級アルコール工業	月島食品工業	ミマスクリーンケア
コープクリーン	テイカ	ライオン
阪本薬品工業	東邦化学産業	

ム油といってもなじみの薄い方も多いかもしれないが，パーム油は植物油としてマーガリン，チョコレート，アイスクリーム，コーヒー用クリーム，即席めんや冷凍食品の揚げ油などに，また石けんやシャンプーの材料としても使用されるなど，私たちの生活にはなくてはならない原料である．

では，本章のタイトルにある「持続可能なパーム油」とは，どのようなパーム油を指すのだろうか．まず最初に持続可能なパーム油の定義を確認しておきたい．

パーム油の生産は，パーム油を生産するアブラヤシ農園の開発にともなう熱帯雨林の大規模な伐採や開発される森林の所有権をめぐっての係争，農園での人権問題，劣悪な労働安全衛生，環境汚染などのさまざまな問題を抱えている．本章で持続可能なパーム油という場合，それは，これらの環境や社会的な問題が最小化され，かつ農園の経営にとっても持続性のある方法で生産されたパーム油のことを指す．

持続可能なパーム油に関する国際的な認証制度としては唯一，RSPO 認証制度がある．RSPO は持続可能なパーム油を世界的に普及させることを目的に，パーム油に関連する企業と WWF などの NGO が中心となって 2004 年に発足した．本拠をマレーシアのクアラルンプールに置く．設立当時，47 であった加盟組織は，2015 年 2 月時点で 2000 を超えている．加盟組織の構

成は，パーム油生産者，搾油・貿易会社，消費材メーカー，小売企業，銀行・投資会社，環境 NGO，社会・開発系 NGO であり，多様な利害関係者が集まっている．まだ数は限られているものの，日本からも RSPO に参加する企業が増えており，2015 年 5 月現在，32 社である（表 9.1）．

RSPO では，持続可能なパーム油を生産するための条件を原則と基準（P&C；Principle and Criteria）としてまとめている．RSPO の P&C は 8 つの原則と 56 の基準からなる（RSPO, 2013a）．8 つの原則は以下のとおりである．

[RSPO の原則]

> 1. 透明性へのコミットメント
> 2. 適用法令と規則の遵守
> 3. 長期的な経済的・財政的実行可能性へのコミットメント
> 4. 生産者と搾油所による最善手法（ベスト・プラクティス）の活用
> 5. 環境に対する責任と自然資源および生物多様性の保全
> 6. 生産者や搾油所によって影響を受ける従業員，個人およびコミュニティに関する責任ある配慮
> 7. 新規農地の責任ある開発
> 8. 主要な活動分野における継続的な改善へのコミットメント
> （WWF ジャパン仮訳；WWF ジャパン，2014）

これらの原則にもとづき，より具体的な条件を定めた 56 の基準があり，これらの基準をすべて満たして生産されていることが第三者により確認されたパーム油が，RSPO 認証パーム油ということになる．

RSPO の基準を具体的にイメージするために，もう少しくわしく基準の内容を見てみよう．RSPO の基準では，2005 年 11 月以降に開発された農園については原生林や保護価値の高い森林を開発しないことや（基準 7.3），泥炭地などでの広範囲な作付けを禁止することが定められており（基準 7.4），農園の開発が森林破壊につながることがないように求められている．ただし，後述するとおり，RSPO の基準では保全すべき森林が十分に守られないとい

った指摘があることには注意が必要である（Greenpeace, 2013; Union of Concerned Scientists, 2015）.

　温室効果ガスの排出を削減するための基準もある．アブラヤシ生産者と搾油工場は，可能な範囲で温室効果ガスの排出を抑制する施策を実施することが求められている（基準5.6）．また，新規の農園開発は，温室効果ガスの排出量を最小限にするように求められている（基準7.8）．

　アブラヤシ栽培を持続可能なものにするための基準としては，土地の肥沃度を確保すること（基準4.2），水資源の持続可能な利用を維持すること（基準4.3），農薬の使用を最小限に抑えること（基準4.5），などがある．

　人権への配慮については，土地の所有権に関する係争が透明性のあるやり方で解決されること（基準2.2）や，農園開発による影響を受ける人がいる場合は，十分な情報を提供したうえで，自由意志にもとづく合意を開発の前に得ること（基準2.3）が求められている．また，RSPOの原則6とそれにもとづく13の基準では，児童労働，差別，強制労働の禁止（基準6.7, 6.8, 6.12），農場や搾油工場で働く労働者への適正な賃金の支払（基準6.5）など，労働者の人権尊重や労働安全衛生の確保が求められている．

9.2　拡大する RSPO 認証パーム油

　RSPO 認証パーム油の生産量は年々急速に伸びている．RSPO の年次報告書 "Impact Report 2014" によると，RSPO 認証パーム油（パーム核油を除く）の年間生産量は，生産が開始された2008年以降増加を続け，2014年6月時点で1112万トンとなった（RSPO, 2014）．2014年末にはさらに1191万トンにまで増加している（図9.1）．これは世界のパーム油の年間生産量のおよそ18％に相当する（2015年2月現在）．ちなみに，同報告書によると，2013年に，認証クレジットや実際に流通するなどして，「認証油」として取り扱われたパーム油は，生産されたRSPO認証パーム油の51％にとどまっている．つまり，生産されたRSPO認証パーム油のうちおよそ半分が非認証の一般的なパーム油として流通したことになる．それにしても，世界で生産されるパーム油の1割が認証パーム油として取り扱われていることになる．意外と大量のパーム油が持続可能性に配慮して生産されていて，じつは消費

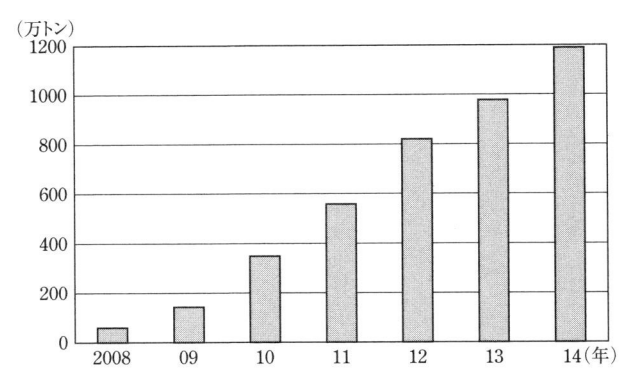

148　第 9 章　持続可能なパーム油調達をサポートする

図 9.1　RSPO 認証パーム油の生産量の推移（RSPO, 2015b より作成）．

者である私たちが知らないうちに，RSPO 認証パーム油を使った製品を手にしたり口にしたりしているかもしれない．

　地域別に見ると，とくにヨーロッパで RSPO 認証パーム油の取り扱いを拡大させる動きがさかんである．なかでも，イギリス，フランス，ドイツ，オランダ，ベルギーでは，食品や流通などの業界団体や国がイニシアティブをとって，輸入されるパーム油や国内で流通する製品に含まれるパーム油をすべて RSPO 認証パーム油に切り替えることを目指すなど，国レベルでの取り組みが進んでいる（RSPO, 2015）．このような国では，近い将来，原料に非認証パーム油を使っていては製品の販売がむずかしくなるだろう．

　RSPO 認証油の普及について考えるうえでは，RSPO が持つ，加盟企業による RSPO 認証パーム油の取り扱いを促進させる仕組みにも注目する必要がある．RSPO には多くの企業が加盟していることは先に述べたが，RSPO に加盟する場合，企業は RSPO の考え方に賛同し，RSPO 認証パーム油への切り替えを誓約しなければならない．誓約するだけではなく，切り替え目標年を設定し，目標に向けた進捗を毎年 RSPO に報告することを求められている．さらには，年次報告書を提出しない企業はウェブで企業名が公表されるうえに，RSPO から除名される．加盟企業は，自分たちの誓約が建前ではないことを示すために，RSPO 認証パーム油への切り替えにきちんと取り組み，その成果を RSPO に報告しなければならないのである．

　RSPO が 2013 年に発表した報告書によると（RSPO, 2013b），使用してい

るパーム油を 2015 年末までにすべて RSPO 認証パーム油に切り替えるとした小売企業は，RSPO に年次報告書を提出した 36 社のうち 31 社（86％）であり，残りの 5 社も 2020 年までには切り替えるとしている．消費材メーカーでは，2015 年までに切り替えるとした企業は，RSPO に年次報告書を提出した 152 社のうち 122 社（80％）であり，2020 年を目標とした企業は 25 社，それ以降としたのが 5 社であった．このように，多くの企業が 2015 年までに，遅くとも 2020 年までに，使用するパーム油を RSPO 認証パーム油に 100％切り替えるとしており，これらの企業は目標達成に向けて，取り組みを加速させるだろう．一方，パーム油の供給者である生産者を見ると，RSPO に年次報告書を提出した 71 社のうち 43 社（61％）が 2015 年までに，27 社（38％）が 2020 年までに切り替えるとしており，多くの生産者が 2020 年までに RSPO 認証の取得を進めていることがわかる．以上のことより，認証パーム油の需要と供給は今後も増え続けると考えられる．

9.3　企業が持続可能なパーム油の使用をすすめる理由

では，なぜ多くの企業が RSPO に加盟し，持続可能なパーム油の調達に取り組むのだろうか．その理由を，2 つの側面から考えたいと思う．1 つは，社会からの要請の高まりという外的なものであり，もう 1 つは，原材料を将来的にも安定的に調達するために今から対策をとっておく必要があるという，企業の内的な動機である．

(1)　森林保全に対する国際的な関心の高まり

　パーム油の持続可能性を考えるうえでもっとも重要なのは，アブラヤシ農園の開発が東南アジアの熱帯雨林の大規模な伐採をともなうという問題だろう．現在，パーム油の最大の生産国であるインドネシアでは，毎年 200 万ヘクタールの自然林が失われているといわれている（FAO, 2010）．これは東京都の面積のおよそ 10 倍に相当する．森林の大規模な破壊は，多くの生物種を絶滅に追いやるだけではなく（生物多様性条約事務局，2010），その森林に依存する人々の生活をも脅かすものである．そのため，生物多様性保全のための国際的なルールづくりを進める生物多様性条約では，これ以上の森

林破壊を削減する目標を掲げている．2010年に名古屋で開催された生物多様性条約第10回締約国会議（CBD-COP10）で採択された，「2020年までの生物多様性戦略計画（愛知ターゲット）」では，世界の生物多様性を保全するために2020年までに達成すべき20の国際的な目標が定められているが，そのなかで，森林保全に深く関係する目標としては，目標5「2020年までに，森林を含む自然生息地の損失の速度が少なくとも半減，また可能な場合にはゼロに近づき，また，それらの生息地の劣化と分断が顕著に減少する」や，目標7「2020年までに，農業，養殖業，林業が行われる地域が，生物多様性の保全を確保するよう持続的に管理される」，目標11「2020年までに，少なくとも陸域及び内陸水域の17%，また沿岸域及び海域の10%が保全される（中略）」などがある（環境省，2010）．また，目標4では，「遅くとも2020年までに，政府，ビジネス及びあらゆるレベルの関係者が，持続可能な生産及び消費のための計画を達成するための行動を行い，又はそのための計画を実施しており，また自然資源の利用の影響を生態学的限界の十分安全な範囲内に抑える」とあり，企業には，生態系の破壊を回復可能なレベルにまで抑えた，持続可能な生産活動を実現させることが求められている．これをパーム油を使用した製品の生産の場合で考えれば，製品に使用するパーム油の生産にともない，森林破壊が行われることがないようにすることが求められているといえる．

　森林破壊による問題は生物多様性の喪失だけではない．森林は温室効果ガスの吸収源としての重要な機能を持っている．森林破壊による温室効果ガスの排出は，世界全体の温室効果ガス排出の17%を占めるといわれており（IPCC, 2007），森林破壊が気候変動を加速させる原因の1つとされている．そのため，これ以上の森林破壊をくい止めることが，気候変動を緩和させるために非常に重要であることが国際的に認識されている．たとえば，2014年9月にニューヨークで開催された国連気候変動サミットでは「森林に関するニューヨーク宣言」が発表され，政府，企業，NGOなど，世界の175の国や自治体，組織がこれに賛同した．本宣言では，2020年までに世界の自然林の喪失を半減させること，そして2030年までにゼロにすることが目標として掲げられている（Climate Summit 2014, 2014）．

(2) サプライチェーン全体で森林破壊を行わないことを宣言する企業

　以上のように，森林保全に関する国際的な関心が高まるなか，事業にかかわる森林破壊をゼロにすることを誓約する企業も出てきている．業界の効率化や環境問題などの世界的な課題の解決に業界全体として取り組むことを目的に，世界の400を超える消費材メーカーや小売企業，サービス業などの企業が集まるコンシューマー・グッズ・フォーラム（CGF）の理事企業50社は，2020年までに森林破壊をネットゼロにするための取り組みを推進することを誓約している．個々の企業では，ユニリーバ，ネスレ，花王，ペプシコ，ケロッグ，ロレアルなどが持続可能なパーム油の調達方針を策定し，森林破壊に関与するパーム油の使用をゼロにすることを宣言している．また，消費材メーカーだけではなく，パーム油生産者のなかにも森林破壊ゼロを宣言している企業がある．パーム油の生産では世界最大手のウィルマーが，2013年12月に，2020年までに森林破壊をゼロにする方針を発表した．生産者がこのような方針を策定することで，サプライチェーンの下流に位置するメーカーは森林破壊ゼロを目指す取り組みを進めやすくなるだろう．そのため，ウィルマーのこの宣言には大きな意義があると考えられる．

(3) 拡大する企業の社会的責任

　企業がサプライチェーンの最上流の問題にまで取り組むようになったのは，企業の社会的責任の範囲が拡大していることも1つの要因としてあげられる．自社の操業による環境影響だけではなく，サプライチェーン全体での環境影響を最小化することが求められるようになってきているのである．いくつかの例を列挙すると，社会的責任の規格を定めたISO26000では，サプライチェーン上で発生する環境問題や，人権や労働安全衛生などの社会問題に取り組むことを求めているし，企業の情報開示の国際的なガイドラインであるGRI（Global Reporting Initiative；グローバル・レポーティング・イニシアティブ）では，サプライチェーン全体での環境や社会への影響とそれに対する取り組みが報告の対象とされている．また，WBCSD（World Business Council for Sustainable Development；世界経済人会議）とWRI（World Resource Institute；世界資源研究所）が開発した，温室効果ガス排出量の

情報開示に関する国際的な基準である温室効果ガス（GHG）プロトコルでは，自社による排出量（スコープ1），購入電力などによる排出量（スコープ2）に加え，サプライチェーン上の排出量（スコープ3）の計算と報告の方法が定められており，企業はこの基準にもとづいて温室効果ガスの排出量を計算し報告することが求められている．その他，企業に対して環境情報の開示を求めるCDP（シー・ディー・ピー；旧カーボン・ディスクロージャー・プロジェクト）のアンケート調査では，気候変動，水，森林の3つのテーマに関して，サプライチェーンを含む事業全体で，どのようにリスクを管理しているのかを問うている．CDPのアンケート調査には822の機関投資家（運用総額で95兆ドル）が賛同しており（CDP, 2014），多くの機関投資家が，企業のサプライチェーン上の環境影響の管理状況に注目しているといえる．

以上のように，企業の社会的責任の範囲は拡大しており，企業は，自社だけではなくサプライチェーン全体で環境などに配慮することが求められている．温室効果ガスの削減といえば，自らの操業によって排出するものだけではなく，サプライチェーン全体を通して排出量を減らすことが求められているし，森林保全といえば，直接森林を破壊しないだけではなく，サプライチェーン上でも森林破壊が行われないようにすることが求められるようになっているのである．

(4) NGOからの要請

パーム油に関しては，NGOがグローバル企業を相手に，森林破壊に関与するパーム油の使用中止を求めて大々的なネガティブキャンペーンを多く行ってきた．たとえば，2010年に国際環境NGOグリーンピースが大手食品メーカーに対して行ったキャンペーンでは，同食品メーカーが販売するチョコレート菓子に，インドネシアの熱帯雨林を破壊して開発されたアブラヤシのプランテーション由来のパーム油が使われていることを非難し，このようなパーム油の使用中止を求めた．キャンペーンに際しグリーンピースは，この問題を訴える動画をインターネットで公開したが，この動画は世界中で視聴され，視聴者から同食品メーカー宛に数十万通という抗議のメールが届いたといわれている．同社はこれを受けて，パーム油の調達方針を変更することを余儀なくされた．このようなNGOによる企業への働きかけは今でも行わ

れており，企業に対する大きな圧力となっている．NGO による働きかけが，企業が持続可能なパーム油調達に取り組む動機の1つになっているのである．

(5) 原材料の安定調達のために

社会からの要請にしっかりと応えなければ，無責任な企業と評価され評判を落とすリスクを抱えることになる．とはいえ，企業は，このような外的な理由だけで持続可能なパーム油の利用を進めているわけではない．世界的な人口増加や経済成長を受けて，食糧の需要は今後ますます高まることが予想される．その一方で，気候変動の進行による降雨パターンや気温の変化，土壌の劣化などによる収量や品質の低下など，供給側には懸念要素が多い．また，森林保全に対する関心が高まっているため，むやみに森林を農地に転換することもむずかしく，農地を拡大させる余地も限られてくるだろう．このようななか，農作物由来の原材料を将来的にも安定的に確保することが経営上の重要課題として認識されるようになってきている．だからこそ先進企業は，パーム油を含め，持続可能な原材料への切り替えを進めているのである．

たとえば，ユニリーバは自社のウェブページで持続可能な原材料調達について以下のように述べている．

「ユニリーバが使用する原材料の半分は，農作物もしくは森林資源に由来する．私たちの環境影響の大きさを考えると，事業とブランドを強化するためには，農作物の調達を持続可能なものにすることが戦略的に重要である．サプライチェーンから森林破壊を排除することや，持続可能な農業や小規模農家を支援することが，私たちのサプライチェーンの持続可能性を強化するだけではなく，農業のシステムをよりよくすることに貢献すると信じている．ユニリーバは 2020 年までにすべての農作物由来の原材料を持続可能なものに切り替えることを宣言している．持続可能な原材料調達の取り組みによって，地球の自然資源を保全するだけではなく，長期にわたる原材料の調達が安定的なものになり，事業にとっての重要なリスクを適切に管理することができる」(Unilever, 2015；筆者仮訳)．

また，ネスレは，小規模農家の支援についてつぎのように述べている．

「世界の人口増加と新興国での生活水準の向上によって，食品の原材料の世界的な需要が急増している．そのため，製品の製造に必要な原材料を将来

にわたって確保することが非常に重要な課題となっている．小規模農家などの生産者が農業を継続し発展させるための支援は，原材料を安定的に確保するために必要である」(Nestle, 2014；筆者仮訳)．

いずれの企業も，持続可能な原材料調達が事業戦略上，重要であると述べているのである．

9.4　RSPO の果たす役割

企業が使用するパーム油を持続可能なものに切り替える必要性に迫られているとしても，企業が独自にこの課題に取り組むことは，実際には非常に困難である．まず，そもそも自分たちが使っているパーム油がどこで生産されているのか，生産地を把握することがむずかしい．パーム油そのものを使用している場合は，サプライチェーンはそれほど複雑ではなく，トレーサビリティを確保することは比較的容易かもしれないが，化粧品や医薬品，プラスチックなどの原料とするために，脂肪酸などのオレオケミカルとして高次に加工されたものはサプライチェーンが長く複雑になることが多く，生産地までたどることは困難である．生産されている場所を特定することができなければ，生産地でどのようなことが行われているのかを把握することはできない．かりに，パーム油のトレーサビリティがプランテーションまでさかのぼって確認できたとしても，そのプランテーションが森林破壊に関与していないこと，また，持続可能なやり方で管理，運営されていることを自分たちで確認することは困難である．というのは，プランテーションが開発されたときに森林破壊が行われていないことを評価したり，アブラヤシのプランテーションが持続可能なやり方で管理，運営されていることを確認するには専門的知識や経験が必要だが，森林生態系やアブラヤシの栽培などについての専門的な知識を持たない消費材メーカーや小売企業がこれらを独自で行うのはむずかしいからである．さらには，ここまでのことを独自で行ったとしても，その調査結果の信憑性をしっかりと説明することも求められることになる．

以上のような課題の多くは RSPO 認証パーム油を使用することで解決することができる．RSPO 認証パーム油は，RSPO が定める持続可能性の条件を満たしていることを第三者の認証機関が保証しているパーム油だからであ

る．この意味で RSPO 認証パーム油は，持続可能なパーム油調達の敷居を下げ，企業による持続可能なパーム油の調達の普及に大きく貢献しているといえる．とはいえ，企業は RSPO 認証パーム油を調達していればそれだけで安心かというとそうではない．つぎに，RSPO 認証の課題について触れたい．

9.5 RSPO の課題

RSPO の認証制度は，持続可能性に配慮したパーム油を企業が使用することを容易にし，企業が社会的な責任を果たしやすい環境づくりに貢献している．しかし，RSPO の認証制度は完璧なものではなく，課題もある．

(1) 泥炭地の開発

これまでとくに定義せずに森林破壊ゼロという表現を使ってきた．森林破壊ゼロに今のところ決まった定義は存在しないが，いわゆる森林破壊ゼロを宣言した企業の方針を見ると，自然林を破壊しない，保護価値の高い森林（HCVF；High Conservation Value Forest）を破壊しない，泥炭地を開発しない，炭素貯蔵量が多い森林（HSC；High Carbon Stock）を破壊しないといった条件を定めている企業が多いようである．

このなかの泥炭地を開発しないという条件を，RSPO 認証パーム油は完全には満たしていないとする指摘がある（Greenpeace, 2013）．泥炭地とは，枯れた植物が分解されずに長年にわたり蓄積した泥状の湿地帯で，東南アジアの熱帯雨林にも広がっている．泥炭地上の森林が伐採されることで泥炭地が乾燥すると蓄積された植物の分解が進み，大量の二酸化炭素が放出される．また，乾燥した泥炭地に火がつき，大規模な森林火災につながることもある．そのため，泥炭地の開発が気候変動の原因になるとして問題視されている．RSPO の P&C では，泥炭地での広範囲なアブラヤシの作付けは避けなければならないとあるが（基準 7.4），泥炭地での栽培を完全に禁止しているわけではない．したがって，RSPO 認証パーム油に切り替えただけでは，今のところ厳密には森林破壊ゼロとはいえない可能性がある．この問題については，RSPO 内でも議論されており，早い時期の解決が待たれる．

(2) トレーサビリティの確保

RSPO の認証制度を利用したとしても，必ずしもトレーサビリティが確保されるわけではないことも課題として指摘されている（Greenpeace, 2013; Rainforest Action Network, 2013）．RSPO の認証モデルには，サプライチェーンのあり方によって，以下の 4 つのパターンがある．

①アイデンティティプリザーブド（IP；Identity Preserved）

特定の RSPO 認証農園で生産された認証油が，最終製品を製造する段階まで，ほかのパーム油と混ざることがない認証モデル（図 9.2）．

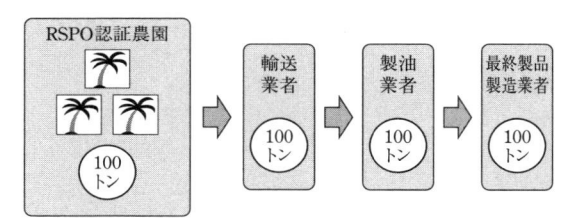

図 9.2 アイデンティティプリザーブド（WWF ジャパン，2013 より作成）．

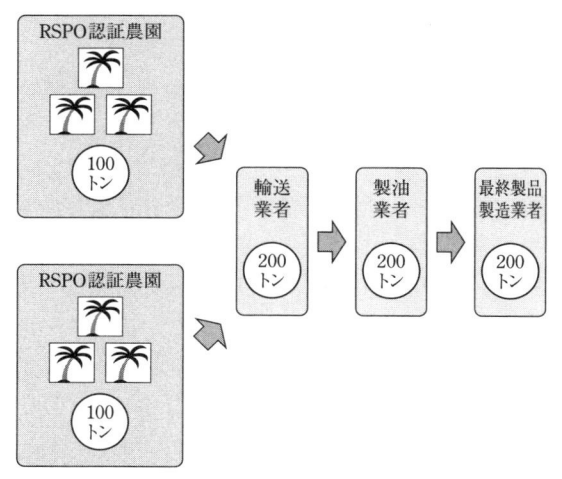

図 9.3 セグリゲーション（WWF ジャパン，2013 より作成）．

②セグリゲーション（SG；Segregation）
　複数のRSPO認証農園で生産された認証油を混合して流通，使用する認証モデル．非認証のパーム油が混ぜ合わされることはない（図9.3）．

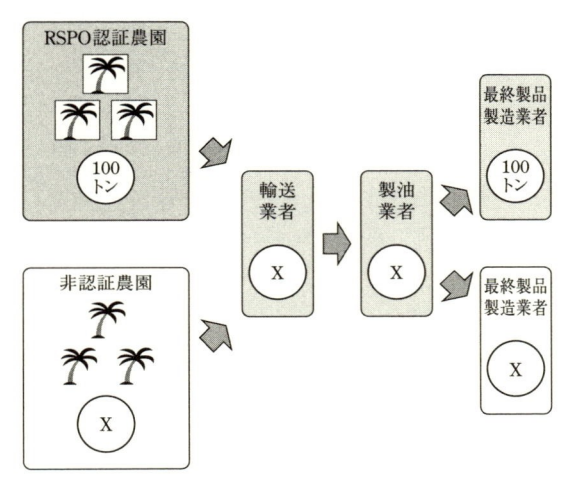

図 9.4　マスバランス（WWF ジャパン，2013 より作成）．

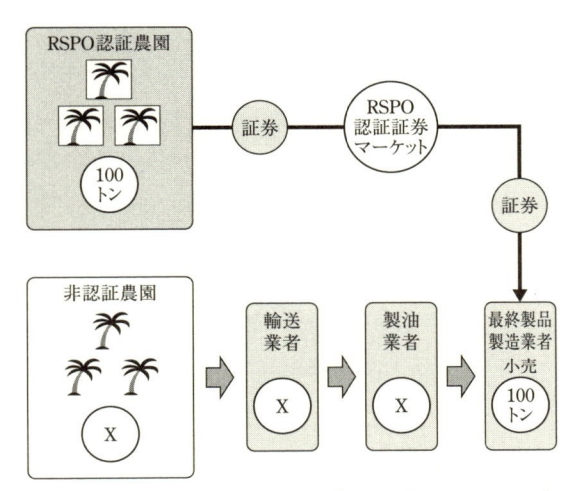

図 9.5　ブックアンドクレーム（WWF ジャパン，2013 より作成）．

③マスバランス（MB；Mass Balance）

RSPO認証農園で生産された認証油と非認証農園で生産された一般的なパーム油を混合させて流通，使用する認証モデル．サプライチェーンの途中で認証油と非認証油が混ざるため，最終製品を製造する段階で使用されるパーム油が実際にRSPO認証農園で生産されたパーム油であるかは定かではないが，認証油（認証製品）として取り扱える量は，混合された認証油と同量である（図9.4）．

④ブックアンドクレーム（B&C；Book & Claim）

実際のRSPO認証パーム油を取り扱うのではなく，RSPO認証パーム油の証券を取引する認証モデル．最終製品製造業者や小売業者は，必要とする分の証券を購入することでRSPO認証パーム油を使用しているとみなすことができる．グリーン電力証書制度と似たモデル（図9.5）．

①アイデンティティプリザーブド（IP）と②セグリゲーション（SG）については，使用するすべてのパーム油がRSPO認証を取得したアブラヤシ農園由来であることが保証されており，生産地を確認することが可能である．しかし，③マスバランス（MB）ではRSPO認証パーム油と非認証パーム油を混合したものを使用するため，実際に使っているパーム油のトレーサビリティを確認することは困難である．また，混合された非認証パーム油が森林破壊に関与している可能性も否定できない．④ブックアンドクレーム（B&C）はRSPO認証パーム油の証券を取引する制度であり，実際に使用しているパーム油がどこで生産されたものなのかを明らかにすることはできない．そのため，トレーサビリティを確保したい場合には，IPもしくはSGの認証パーム油を使用する必要がある．

企業はこのような認証制度の課題を十分に理解したうえで，認証制度を利用しなければいけない．自分たちはしっかりと対策しているつもりでも，実際にアブラヤシのプランテーションで森林破壊などの問題が生じていたのでは，サプライチェーン上のリスクを適切に管理できているとはいえず，いっていることとやっていることが違うと批判される原因にもなる．

(3) 認証パーム油の生産量の拡大

RSPO認証パーム油の生産量は増えてきているとはいえ，世界のパーム油

の2割弱でしかない．将来的にさらに認証油の生産を拡大させることも RSPO が抱える課題といえるだろう．これについて，RSPO やいくつかの先進企業がすでに取り組みを始めている．この取り組みについて，つぎにくわしく見てみたい．

9.6 認証油の生産を拡大させる取り組み——小規模農家支援

　世界のパーム油の約4割は小規模農家によって生産されている．しかし，RSPO の認証を取得するパーム油の生産者は大規模な企業が中心であり，小規模な農家による認証取得が少ないことが RSPO の課題とされている．また，小規模農家は一般的に，アブラヤシの栽培や，農薬や肥料の使用方法，果房の収穫方法などに改善の余地が多く，パーム油の生産性は大規模な農園と比較して低いといわれている（IFC, 2013）．したがって，より多くの小規模農家の生産方法を改善させ，認証制度に取り込むことが重要である．

　この課題に対して RSPO は，複数の小規模農家がグループ単位で認証を受ける仕組みを設けたり，小規模農家を支援するための基金を設立するなどの対策を講じている．また，小規模農家の認証取得を支援する先進企業も出てきた．

　RSPO によると，小規模農家は自立型小規模農家（independent smallholder）と組織依存型小規模農家（scheme smallholder）に分類される．前者は自立的に営農しており搾油工場などとの契約関係を持たない小規模な農家，後者は特定の搾油工場などとの契約にもとづきアブラヤシを栽培している小規模農家である．本章は自立型小規模農家への支援について述べる．

(1) RSPO による小規模農家支援

　RSPO は，小規模農家が認証を取得しやすくするために，複数の小規模農家がグループ単位で認証を取得することができるグループ認証制度（Group Certification）を設けた．複数の小規模農家が組合のようなグループをつくり，1つの管理体制で組織されていれば，当該グループに所属する農家はまとめて RSPO 認証の対象となる（図 9.6）．この制度を利用すれば，認証取得に必要な費用をグループのメンバーで配分することができるため，個々の

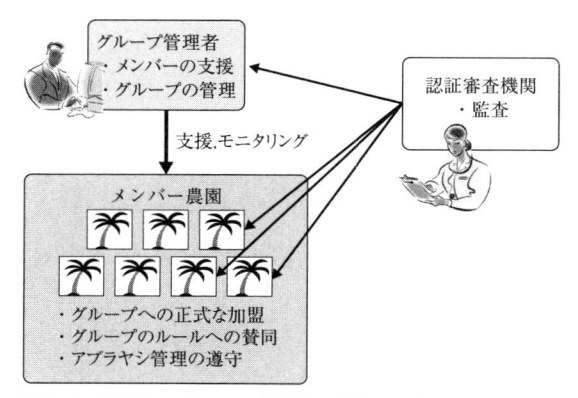

図 **9.6** RSPO のグループ認証の仕組み（RSPO, 2013c より作成）．

小規模農家の負担を減らすことが期待できる（RSPO, 2013c）．また，アブラヤシの効率的で持続可能な栽培の方法や，肥料や農薬などの適切な取り扱いなどの知識や技術がグループ内で共有されるため，小規模な農家でもRSPO の認証を取得しやすくなる．RSPO が 2014 年に公開した報告書によると，7 つのグループ（3037 の自立型小規模農家）が RSPO 認証を取得しており，認証パーム油の生産量は 4 万 7077 トンである（RSPO, 2014）．

RSPO は 2012 年 10 月に小規模農家を支援するために，小規模農家支援基金（Smallholder Support Fund）を設立した．RSPO は認証油の取引によって得られた利益の 10% と，それに加えて，年間予算の余剰分の 50% を小規模農家の支援に充てている．2013 年 12 月末時点で 152 万米ドルの残高があり，2013 年の支援額は 22 万 5000 米ドルであった（RSPO, 2013d）．

(2) 先進企業による小規模農家支援

いくつかの先進企業は，これらの仕組みを利用して小規模な生産農家の支援を行い，持続可能なアブラヤシの生産の拡大に貢献している．ここではユニリーバの例を紹介する．

ユニリーバは 2010 年に，持続可能性に関する 2020 年までの目標である「ユニリーバ・サステナブル・リビング・プラン」を発表した（ユニリーバ，2010）．そのなかで，2020 年までに同社が使用する農作物由来の原材料をす

べて持続可能性に配慮して栽培されたものに切り替えることを宣言した．パーム油もこの目標の対象に入っている．また，ユニリーバは，2010 年に持続可能な農産物（畜産物を含む）の条件を定めた「持続可能な農業コード（Unilever Sustainable Agriculture Code）」を策定した．この規約では，化学物質と燃料の管理，土壌の保全，水の管理，生物多様性への配慮，エネルギー使用の管理，廃棄物の管理，社会的・人的資本の尊重などの 11 のカテゴリーのもと，400 を超える基準が定められており，サプライヤーに対して本規約に適応した原材料の供給を求めている．そして，サプライヤーが規約に適応できるように，農家を支援する取り組みを展開している．

　パーム油に関しては，2013 年 11 月に持続可能なパーム油調達方針を策定した．そのなかで，パーム油の森林破壊への関与をなくし，労働者や地域住民に対してポジティブな影響を与えるために，2020 年までに，同社が使用するすべてのパーム油を認証油に，しかも生産地を特定できるものに切り替えることを宣言している．また，小規模農家からの調達を拡大させるとしている（Unilever, 2013）．

　ユニリーバは小規模農家からの調達拡大の一環として，インドネシアのリアウにアブラヤシの農園を持つアマナ自立型小規模アブラヤシ農家組織（Amanah Oil Palm Independent Smallholders Association）による RSPO のグループ認証の取得を支援した．アマナは 349 の小規模農家が組織する組合で，所有するアブラヤシ農園は合計で 763 ha になる．アマナは WWF インドネシアなどの支援も受け，2013 年 8 月に RSPO グループ認証を取得した．ユニリーバは，同農園で生産された RSPO 認証パーム油のクレジットをブックアンドクレームの仕組みを通して 2013-2018 年の 5 年間購入し続けることを誓約している．

　なお，WWF による報告によれば，認証の取得前後で，同組合の生産性は 20％向上し（20 トン /ha/ 年→ 24 トン /ha/ 年），農薬の使用にかかるコストは 56％削減されたとしており，RSPO の認証取得が持続可能なアブラヤシ栽培に貢献していることを示すデータとして興味深い（WWF, 2013）．

　上記のユニリーバによる小規模農家の支援の規模は，763 ha とごく限られたものである．しかし，ユニリーバと同様に小規模農家の支援を行うとする方針を策定している企業が増えており，将来的な規模の拡大に期待したい．

9.7　環境経営コンサルタントの役割

　本章では，先進企業が持続可能なパーム油の調達に取り組む理由に触れながら，RSPO認証制度が果たしている役割や可能性について述べてきた．企業が持続可能なパーム油を使うのは，NGOから非難されないようにするためであったり，森林を守るためだけではなく，サプライチェーン上で環境的，社会的問題が発生することを避け，パーム油の調達をより安定的にするためでもある．企業は，RSPOの認証制度を利用することで，課題はあるものの，これらの要求を満たすことができる．また，RSPOの認証制度を利用して，企業が小規模な農家を支援するケースが報告されているように，持続可能なアブラヤシ生産に，サプライチェーンの下流に位置する企業が直接かかわる仕組みが構築されつつある．このような仕組みは，企業が持続可能な農業にかかわる敷居を低くし，よりよいアブラヤシ農園の開発と操業の現場に対する民間の資金の流れを拡大させることに貢献するのではないだろうか．

　さて，このようなRSPOの認証制度を利用する企業は急速に増加しており，多くの企業が持続可能性に配慮したパーム油の調達に取り組むようになってきている．とはいえ，とくに日本ではこのような企業はまだ一部にとどまっている．欧米に比べると遅れを取っているといわざるをえない．海外に進出する日本企業も多いだろう．RSPO認証パーム油への切り替えに積極的なヨーロッパでは，近い将来，持続可能性に配慮していないパーム油を使っていては，製品を販売することが制限されるようになる．おもに国内で事業を行っている企業も安心できない．日本に進出している海外の先進企業は，使用するパーム油を2015年や2020年までに持続可能なものに100％切り替えることを目標にしている．このような企業が製品の味や性能，価格だけではなく，原材料の由来や企業の環境に対する姿勢で製品の差別化を図ってきたら，このままで対抗できるだろうか．

　日本の企業がRSPO認証パーム油の調達にそれほど積極的でない理由は各社さまざまだろうが，1つには認証パーム油を取り扱うことの効果がわかりにくいことがあげられる．たとえば同じ環境に関する取り組みでも，CO_2排出量の削減はエネルギー消費量の削減をともない，それが経費削減につながるため取り組みの効果がわかりやすいが，RSPO認証パーム油の使用によ

るサプライチェーン管理強化の効果は，経済的価値として評価するのがむずかしい．そのため，その重要性は理解されにくく，たんなるコストの増加要因と考えられがちである．たとえ環境部門の担当者が持続可能なパーム油調達の重要性を理解していたとしても，経営層や調達部門などの関連部署がそのことに気づいていないために，具体的な取り組みが実行できないというケースを目にする．このような場合，企業がなぜ持続可能なパーム油を使用するべきなのか，その意義や重要性を企業の視点から説明し，経営層や調達部門に納得してもらうことが必要だが，そのときに，この分野に精通した環境経営コンサルタントが果たせる役割は大きい．

ただし，これは最初のステップであって，その他にも重要な役割がある．企業がパーム油の調達に関して持続可能性に配慮すると決めたとしても，たんに RSPO 認証パーム油を使えばよいというわけではない．RSPO 認証パーム油の使用はあくまでもパーム油の調達を持続可能にするための手段であって目的ではない．企業ごとにパーム油の使用量や用途は異なるし，調達先も違う．それぞれの企業の状況に応じて，事業の持続可能性と地球環境の持続可能性を両立させるための最適な方法は異なるだろう．また，RSPO の認証制度も完璧なものではなく課題もある．RSPO 認証パーム油の調達は，このようなことを考慮して戦略的に行うべきである．さらには，組織的に持続可能なパーム油の調達を行うためには，調達方針・目標を策定したり進捗管理体制を構築するなど，社内体制を整える必要があるし，持続可能なパーム油の使用を競争力につなげるためには，製品開発やマーケティング，ブランディングなどが重要である．企業の事業に利する RSPO 認証制度の活用方法を提案することが，環境経営コンサルタントに求められている．

引用文献

CDP. 2014. CDP ジャパン 500 気候変動レポート 2014. CDP.
Climate Summit 2014. 2014. Forests Action Statements and Action Plans. Climate Summit 2014.
Food and Agriculture Organization of the United Nations (FAO). 2010. Global Forest Resources Assessment 2010. FAO.
Greenpeace. 2013. Certifying Destruction. Greenpeace.
Intergovernmental Panel on Climate Change (IPCC). 2007. Climate Change 2007

Synthesis Report. IPCC.
International Finance Corporation (IFC). 2013. Diagnostic Study on Indonesian Oil Palm Smallholders. IFC.
環境省．2010．2020年までの生物多様性戦略計画（仮訳）．環境省．
Nestle. 2014. Nestle in Society (CSV full report 2013). Nestle.
Rainforest Action Network. 2013. Conflict Palm Oil. Rainforest Action Network.
Roundtable on Sustainable Palm Oil (RSPO). 2013a. RSPO Principles and Criteria for Sustainable Palm Oil Production. RSPO.
Roundtable on Sustainable Palm Oil (RSPO). 2013b. ACOP Digest 2012/2013 : A Snapshot of RSPO Members' Annual Communications of Progress. RSPO.
Roundtable on Sustainable Palm Oil (RSPO). 2013c. RSPO Standard for Group Certification. RSPO.
Roundtable on Sustainable Palm Oil (RSPO). 2013d. RSPO Smallholders Support Fund. http://www.rspo.org/certification/smallholders#（2015年5月11日閲覧）
Roundtable on Sustainable Palm Oil (RSPO). 2014. Impact Report 2014. RSPO.
Roundtable on Sustainable Palm Oil (RSPO). 2015a. National Commitments. http://www.rspo.org/certification/national-commitments（2015年5月11日閲覧）
Roundtable on Sustainable Palm Oil (RSPO). 2015b. Impacts. http://www.rspo.org/about/impacts（2015年2月22日閲覧）
生物多様性条約事務局（環境省訳）．2010．地球規模生物多様性概況第3版（Global Biodiversity Outlook 3）．環境省．
ユニリーバ．2010．ユニリーバ・サステナブル・リビング・プラン．ユニリーバ．
Unilever. 2010. Unilever Sustainable Agriculture Code. Unilever.
Unilever. 2013. Sustainable Palm Oil Sourcing Policy. Unilever.
Unilever. 2015. http://www.unilever.com/sustainable-living-2014/reducing-environmental-impact/sustainable-sourcing/index.aspx（2015年2月22日閲覧）
Union of Concerned Scientists. 2015. Fries, Face Wash, Forests. Union of Concerned Scientists.
WWF. 2013. Unilever Supports Indonesia's 1st RSPO Certified Oil Palm Smallholders. http://www.wwf.or.id/en/?29963/Unilever-Dukung-Petani-Sawit-Bersertifikat-RSPO-Pertama-di-Indonesia（2015年2月22日閲覧）
WWFジャパン．2014．持続可能なパーム油生産のための原則と基準2013（仮訳）．WWFジャパン．

IV
生活・生産の場に出現する資源管理認証

第10章
先住民族の生活と森林認証
―― マレーシアの認証林の事例から

内藤大輔

　森林認証制度は生態系保全や先住民族の慣習権保障がその目的の1つとして設計されている．国際的な認証制度として1993年に設立された森林管理協議会（Forest Stewardship Council; FSC）による認証制度は，これらに関して厳しい基準を持っていると評価されてきた．本章では，マレーシア・サバ州のFSC認証林周辺に暮らす先住民族を対象に，環境認証制度が生活の現場に与える影響について考察した．その結果，認証制度の導入が，逆に村人の資源利用に制限をもたらしていることが明らかになった．認証制度が環境や社会に配慮した制度として機能するうえで，より詳細な社会的影響評価を可能とする審査システムの確立とステークホルダーの参画を保障する仕組みが構築されることの重要性が示唆された．

10.1　森林認証制度とマレーシアでの普及状況

(1)　森林認証制度と先住民族の慣習的権利

　森林認証制度は，1980年代に森林施業における生態系の破壊や，先住民族への権利侵害の問題などが国際的な環境問題として顕著となったことを契機に，森林管理をより持続可能なものに転換するために，生産者，消費者，流通業者，NGOなどさまざまなステークホルダーの間で考案された制度である．

　森林認証制度には，政府間合意から生まれたもの，木材業界，環境NGOなどが主導して設立されたものなど異なる設立背景を持つ認証が存在する．また，それらが適用される範囲もさまざまで，国や地域だけの基準から世界

共通の基準のものもある．認証取得面積は世界で推定 4.17 億 ha におよんでいるが，約 9 割が非熱帯地域に分布しており，熱帯地域の認証面積は依然として増加していない（UNECE and FAO, 2013）．

　FSC 森林認証制度は 1993 年に設立された非営利団体が運用している認証制度で，環境の点から見て適切で，社会的利益にかない，経済的にも継続可能な森林管理を推進することを目的としている．生物多様性保全，先住民族の慣習権保障に関する厳しい基準を持つが，FSC の設立から 20 年以上たち，その認証制度導入による効果について検証されるべき時期にきている（内藤，2010，2014）．

　本章で事例として取り上げるマレーシアでは，既存の土地制度，森林政策において先住民族の慣習的な権利が十分認知されていないという状況があり，さまざまな権利侵害が指摘されてきた（Hong, 1987；金沢，2012）．そのために，認証取得者が自主的な取り組みによって，国よりも厳しい基準を遵守し生産した材を認証し，消費者が積極的に購入することで，先住民族の慣習権保障を促進できるのではないか，というのが認証制度設立当初の目論見であった．

　そこで本章では，マレーシアにおける FSC 認証制度の導入が，周辺に暮らす先住民族の生活の現場でどのような影響を与えているのか，はたして森林施業での先住民族の慣習権の保障へとつながっているかについて，認証取得を可能とした科学的基盤，ステークホルダーとのかかわり，対話の場づくりなどに着目して検証する．そのため，本章ではおもに厳しい基準を持つ FSC 認証制度について検証を行う．

　調査地は，マレーシア，サバ州キナバタンガン川流域にあり，FSC 認証林である D 森林施業区に隣接する W 村である．調査では W 村に住み込み，村人の認証制度への認識について聞き取りを行った．また，サバ林業局の年次報告書などの資料も参照した．森林認証制度の導入プロセスや村人への影響については，林業局資料や審査資料，会議議事録，村人からのインタビューによって明らかにした．なお，調査村でのフィールドワークは 2006-2008 年にかけて実施したものである．

(2) マレーシアでの認証制度の普及状況

現在，マレーシアで運用されている認証制度には，マレーシア木材認証協議会（Malaysia Timber Certification Council；MTCC）による森林認証制度と国際的な非営利組織であるFSCによる森林認証制度がある．MTCCはマレーシア独自の森林認証制度として1998年10月に設立され，2001年からマレーシア木材認証制度（Malaysian Timber Certification Scheme；MTCS）を運用している．国際的な認知を得るべく当初FSCとの相互承認の道を探ったが断念し，2009年より別の国際森林認証制度であるPEFC（Programme for the Endorsement of Forest Certification Schemes）認証プログラムと相互承認を果たしている（内藤，2010）．MTCSの認証基準である「マレーシアの持続可能な森林管理のための基準と指標」は，先住慣習権の保障が既存法範囲内での遵守に限定されており，林業生産側の意向が強く反映された基準となっている．過去にMTCCでは基準策定過程から先住民族によるNGOなどが離脱しており，この基準を達成していても，先住民族の慣習的な権利をめぐる問題の解決につながらないという点が指摘されてきた．とくにサラワク州のMTCC認証林では，過去に先住慣習権について係争中の土地が認証対象地域に含まれていることに気づかずに認証されてしまった事例などがあり，国内外で制度の信頼性が疑問視されてきた（JOANGO Hutan, 2005；内藤, 2010）．PEFCとの相互承認にあたっては，制度の中立性を高めるため認証機関の認定権限をMTCCからマレーシア標準局へ委譲するなどの改定がなされたが，PEFC相互認証後も依然としてMTCC認証林での先住民族の慣習権をめぐる問題が起きており，サラワク州での認証取得は進んでいない．

2015年現在，MTCC認証林の面積は466万haにわたっており，そのほとんどが半島マレーシアに位置している（表10.1）．これは2010年に行われたFAO世界森林資源調査によるマレーシアの推計森林面積の約23%にあたる．マレーシアの森林資源は憲法によって州の管轄とされており，州によって森林認証への取り組み方も異なっている．半島マレーシアでは，州有林全体が1つの森林施業区として認証されており，サラワク州，サバ州では，森林施業区ごとの認証が進められている．

表 10.1 マレーシアにおける森林認証の取得状況（FSC, 2015; MTCC, 2015 をもとに作成）．

認証の種類	FSC		MTCC	
	認証数	面積（ha）	認証数	面積（ha）
天然林	9	628787	10	4649913
人工林	2	43919	2	11807
計	11	672706	12	4661720

　半島マレーシアでは，半島の全11州のうち8州の州有林が認証されている（MTCC, 2015）．これは半島マレーシアの材の多くが欧州に輸出されており，欧州諸国が市場へのアクセスを認める条件として認証取得を求めるプレッシャーが強かったこと，またマレーシア独自の認証制度である強みを活かし，州で1つの森林施業区とし，既存の森林施業を持続可能な森林管理として認定する独自のシステムをつくりあげたことが功を奏したためである．半島マレーシアにおいても，認証林内に多くのオラン・アスリ（半島マレーシアに暮らす先住民族の総称）が暮らしており，彼らの慣習的な土地所有権は依然として認められていないが，PEFCとの相互承認後も問題視されることはなく，認証は継続されている．

　一方，サラワク州では代表的な伐採会社3社がMTCC認証を取得しているが，天然林施業を行っているのは1社のみで，他社は人工林での認証である．サラワク州の木材のおもな輸出先が日本などアジア諸国であり，認証を強く求めない市場との取引が中心であったため，生産側には認証を取得しようというインセンティブが低かった（Global Witness, 2013）．ただし，サラワク州の新州首相のイニシアティブにより，大手の木材伐採企業に対し，少なくとも1つの森林施業区でMTCC認証を取得するよう政治的な目標が課されるようになったため，認証取得のための動きが進みつつある．

　マレーシアでのFSC認証は11の森林施業区，約67万 ha で取得されている．マレーシアにおけるFSCの普及についてはWWFマレーシアなどが進めてきたが，半島においては州の方針で基本的にMTCC認証を取得することになっていたため，ペラ州，トレンガヌ州での一部の企業主導の小規模な認証取得のほかはあまり認証が進んでいない．一方，サバ州においてはサバ

州林業局長の主導により，当初から価格プレミアムのある FSC 認証の取得が積極的に目指されてきた．サバ林業局は，1997 年の D 森林施業区での認証取得を皮切りに，現在では 3 つの森林施業区，約 35 万 ha に認証が拡大している．また，サバでは植林企業による人工林での認証林も増えてきている．

　FSC の原則と基準については次節で詳述するが，環境，社会，経済の各部会の合意を経ないと採択されないため，生物多様性の保全や，先住民族の慣習権保障に関する厳しい基準が採用されている．2012 年には FSC の原則と基準が大幅に改定され，原則 3 に先住民族の「自由意思による，事前の，十分な情報にもとづく同意（Free, Prior and Informed Consent；FPIC）」の権利や先住民族の権利に関する国際連合宣言（United Nations Declaration on the Rights of Indigenous People；UNDRIP）の遵守が明記され，さらなる先住民族の慣習権の保障を目指した厳格な基準となっている（FSC, 2012）．2014 年に FSC マレーシアが設立され，現在マレーシアの新しい国内基準の策定を進めているが，現状では，旧版の原則と基準にもとづき，それぞれの認証林に関し認証機関によって策定された地域基準をもとに，認証審査が実施されている．

10.2　FSC 認証を支える科学的基盤

　FSC は世界共通の持続可能な森林管理を評価するための 10 原則と 56 基準を定めており（FSC, 2012），FSC 認証林から生産された木材には，FSC のロゴマークの使用が許可される．FSC は，認証材が確実に消費者に届くことを保証するため，加工・流通・販売業者に，認証材の適切な管理を証明する加工流通過程の管理に関する認証の取得を義務付けている．森林管理認証と流通管理認証の両者によって，消費者は，認証材を生態系や先住民族に配慮して生産された木材であると信頼し，購入できる仕組みになっている．

　しかし，具体的にはなにをもって持続可能な森林管理といえるのだろうか．本節では D 森林施業区を事例として実際に FSC 認証を取得するまでのプロセスについて解説する．林業局が D 施業区で FSC 認証を取得する際，技術的な支援をしたのが，1989 年から 2000 年まで行われたドイツ技術協力公社

（German Agency for Technical Co-operation；GTZ）による「マレーシア-ドイツ持続的な森林管理プロジェクト」であった．ドイツ経済協力開発省はGTZ プロジェクトの実施に際して，原生林における伐採を禁じる方針を取っていたため，当時ほかの企業に伐採ライセンスが付与されておらず，伐採後の二次林であった D 施業区が選定された（Manan *et al.*, 2002）．サバ州の従来型の伐採では，企業は伐採の際にさまざまな森林施業ガイドラインを遵守する義務があったものの，林業局による監視が行き届かず，短い伐採の間に，効率的で収奪的な伐採が行われることが多かった．このプロジェクトの目的は，実際にサバ州の森林施業区において，持続可能な森林管理を導入，実施することであり，その後，プロジェクトは FSC 森林認証制度の取得を目指した活動へと展開されることとなった．

　サバ林業局は，プロジェクトではまず，1995-2004 年の 10 年間の森林施業計画を作成した．とくに持続可能な伐採がなされていることをいかに科学的に証明するかということがカギとなっていた．GTZ はプロジェクトで，フタバガキ科の持続可能な伐採モデルを開発した．これは GTZ のドイツ人専門家とサバ林業局スタッフによって開発されたもので，D 施業区内に設置された 490 プロットから成長量を推計し，60 年の伐採サイクルでの年間許容伐採量を 2 万 m^3 と定め，これを持続可能な伐採の科学的な根拠としていた．

　森林施業計画ではこのほかに，伐採可能な木材を胸高直径 60-120 cm と規定し，伐採による土壌流出を食い止めるために傾斜が 25% 以上の土地における伐採の禁止，年間 1000 ha の植林，総合伐採計画などが採用された．総合伐採計画とは，必要な材のみを伐採するために事前に集材路を決め，地図上に傾斜や保護区の情報を入れることで，伐採による環境影響を軽減するための施業方法であるが，従来の森林施業では実施されていなかった．これらの伐採方法を実施するための技術開発，林業局職員の訓練などもあわせて実施された．また生物多様性については，D 施業区には，ゾウやオラウータンなどの希少種が多く生息しているという報告にもとづき（Azmi, 1996），ヘリコプターを利用したオラウータンの営巣調査などの生態学的調査が実施された．

　一方，社会面に関しては，プロジェクトでは隣接する W 村の簡単な社会調査が行われたのみであり，FSC 認証取得のための本審査の前にも，W 村

の村人に対するインタビューなどが実施されたが，大きな影響はないと結論付けられていた（SGS, 1999）．もともと林業局により森林施業区内には村人が暮らしていないとされていたため，社会面の調査はあまり行われていなかった．

10.3　生活者の視点から見た森林認証制度

　前節では認証に際して，事前の社会調査では大きな影響はないと位置付けられていた村人であるが，はたして伐採による影響はなかったのだろうか．おもに，筆者が行ったフィールドワークでの聞き取りから，生活者の視点で森林認証制度の影響について検討していく．

　マレーシア・サバ州の面積は約 7.3 万 km^2 であり，マレーシアの全国土面積の 22.3% を占め，人口は 312 万人あまりが住む（Department of Statistics, 2010）．FSC 認証制度が導入された D 施業区は，マレーシア・サバ州北東部を流れる州最長のキナバタンガン川中流域に位置する（図 10.1）．キナバタンガン川は全長 560 km におよび，上流域は森林に覆われた高地，山地が多く，下流域には氾濫原が広がり，かつては混合フタバガキ林に覆われていた．キナバタンガン川流域は，古くは 18 世紀より沈香，象牙，サイチョウの嘴やツバメの巣などの非木材森林産物の産地として有名であった．そして，1950 年以降に始まる大規模な商業伐採の勃興と収束を経て，現在は広大なオイルパーム園が拡大しつつある（立花，2000；内藤，2014）．

　調査村の W 村は，オラン・スンガイの人々が暮らす村であり，38 世帯，約 330 人が暮らしていた（2007 年調査時）．

　オラン・スンガイは，サバに暮らす先住民族の 1 つで，キナバタンガンやスグット川側沿いに長く暮らしてきた人々の総称である．村の慣習的な領域は，上流，下流の村との取り決めにより，上流は D 川まで，下流は TB 川までとなっていた．内陸の幅どれくらいまで利用できるかについてはとくに定められておらず，広い範囲が利用されてきた．第 2 次世界大戦前までは，焼畑に合わせて移動していたが，1963 年の小学校の開校により現在の村の場所への定住が加速した．

　1940 年代まで W 村の人々は，森林産物採集，とくに樹脂（ダマール）採

174　第10章　先住民族の生活と森林認証

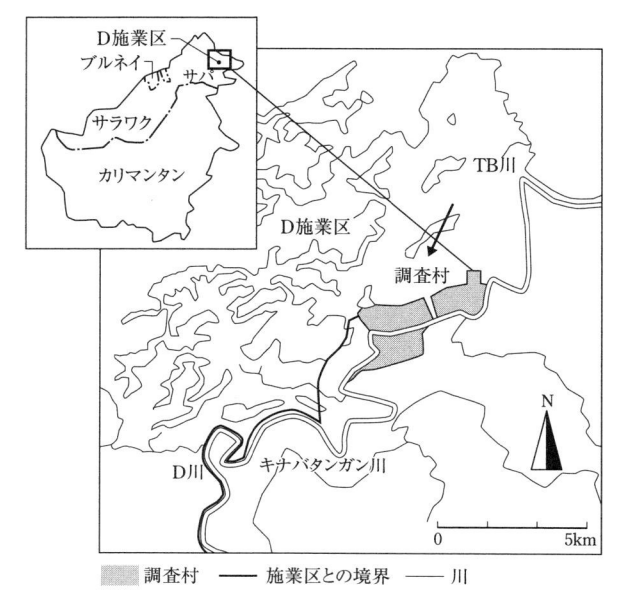

図 10.1　調査地域概略図.

集と籐採集，そして焼畑，漁撈などに従事していた．

　1950年代に入り，英領ボルネオ木材会社がキナバタンガン下流域地域において森林伐採権を取得し，操業を開始した．この英領ボルネオ木材会社は20世紀初頭から第2次世界大戦後まで，サバにおける森林伐採権を独占してきた会社であった．村の下流域で伐採が始まったということはW村にも伝わり，当時の独身男性の多くが，労働機会を求めて伐採キャンプに赴き，おもに単純な伐採労働に就いていた．

　1960年代に入ると，これまで数社にしか許可されていなかった長期伐採権が現地の伐採会社にも開放されるようになり，村の周辺の森林施業区で伐採権を取得し，大規模な伐採を行った．

　村に隣接して伐採キャンプが開かれるようになると，村人の多くが伐採労働に従事することになり，大きな現金収入をもたらした．大勢の村人が川の地形に関する知識を活かして，木材輸送船で伐採木を伐採キャンプからサンダカンの丸太貯蔵池まで運搬する仕事に従事していた．1980年代になると，

森林資源の減少などから，伐採はしだいに小規模になり，伐採の中心は資源の豊富な内陸部，キナバタンガン川上流域へと移っていった．このような背景のなか，FSC認証制度が導入されたのである．

前述のとおり，1989年からドイツと林業局との間でプロジェクトが始まっていたが，村を対象としためだった活動はなかったため，村への影響は少なかった．また1997年に実施された認証取得時の本審査の際にも，村に審査員が1日聞き取りにきただけであったため，多くの村人にはFSC認証が取得されたことはあまり認識されていなかった．

村人の日常生活へ直接的な影響が現れてきたのは，認証後2年を経た1999年からであった．1999年にD施業区の南西部で，外部者による重機を使った大規模な違法伐採が行われ，サバ林業局は早急な取り締まりを求められることとなった．サバ林業局は認証を維持するため，違法伐採を予防するためのさまざまな対策を取った．まず伐採木，伐採に利用された重機の差し押えを行った．そしてD施業区の年間許容伐採量から違法伐採された材積を差し引いた．こうしてD森林施業区の境界の厳しい管理が実施されるようになった．違法伐採はキナバタンガン川の増水期に行われたため，川沿いに監視所を2カ所設置し，常駐のスタッフを配置し，川沿いの監視活動も開始した．

違法伐採は外部のブローカーによって行われたものの，結果的に村人の生業も制限されることになった．

林業局は，境界管理の強化のために，周辺村との境界周辺を除草し，境界木にペンキを塗るという対策を取った．その結果，W村を分断して位置しているD施業区の2つの区域の利用をめぐる問題が浮上した（図10.1）．そして，上流の区域には6世帯が，下流の区域には3世帯が慣習的に利用してきた土地が施業区内に含まれていたことが明らかになった．

D森林施業区は，英領期の1961年に森林施業区として指定されている．施業区の指定の際には，まず候補地が官報などに公示され，対象地域に先住民族の慣習的な土地利用がある際には，一定期間内に「慣習的な保有権」を請求しなければならない．請求しなければ施業区指定の際に慣習権は消失してしまう（都築，1999）．そもそも公示がなされていること自体を住民が知らないことが多いのだが，かりに請求したとしても公的に認められ，施業区

の範囲が修正されることはまれで，慣習権が認められないことが多く，かりに認められても接収のためのわずかな代償金を支払われることで対処された．

　この区域は，D森林施業区が，1961年に指定された際に，施業区からキナバタンガン川への木材搬出用道路として確保されていた土地であった．しかし，村人にはまったく知らされておらず，1999年に違法伐採が発覚し，林業局が境界管理に際して，境界周辺を除草し，ペンキで塗ったことで，初めて森林施業区域の実際の境界がどこにあるのかを認識したという状況であった．林業局はこの区域において森林を維持できる非木材林産物の籐などの植栽事業を村人と推進しようとしていた．一方，村人は林業局よりも前から慣習的に利用をしてきた土地として，重要な生業である焼畑を続けていきたいと主張しており，従来どおりの利用を求める村人の意向と平行線をたどっていた．

10.4　認証システムと森林施業の改善要求

　FSC認証制度の導入によって，林業局による境界管理が厳しくなり，狩猟，採集，漁撈など村人の生業利用も規制されるようになった．D施業区の認証審査ではこのような点は指摘されてきたのだろうか．

　FSC認証は独立した第三者機関の審査を経ることで，その信頼性を担保している．FSC自身は認証審査には関与せず，FSCの規定にしたがって世界各地にある認証機関が審査を担う．代表的な認証機関には，スマートウッド社，エスジーエス社，エスシーエス社などがある．認証機関はさらに独立の評価機関である国際認定サービス（Accreditation Services International；ASI）による評価を受ける．また，通常どの認証機関に審査を依頼するかは認証取得希望者が指定する．

　FSCの森林認証の手順は基本的に統一されている．認証機関は，審査にあたって対象となる森林にかかわる利害関係者とともに地域基準を策定する．認証機関が選定した審査員は，本審査において，森林を実際に訪問し，FSC原則と基準および地域基準に照らし合わせ，管理状況を審査し，改善点を指摘する．審査では利害関係者との協議も行われる．森林管理者が予備審査で指摘された改善点を修正し，FSC原則と基準に適合していると判断されれば，

FSC認証（5年間有効）が与えられる．認証機関はFSC原則と基準を遵守しているかどうか，少なくとも年に1回継続的に維持審査を行う．5年目には，再審査が行われる．改善には，重大な是正処置要求，軽微な是正処置要求，観察事項という段階がある．これらの是正要求は本審査や維持審査の際に，FSCの原則と基準に違反している場合に，審査員が特定する．重大な是正処置要求に対してはすぐに対処しないと，認証が取り消されてしまう．また，軽微な是正処置要求であっても期限を決めた改善が求められ，次回の維持審査の際でも対処が取られていない場合は，重大な是正処置要求とされる場合もある．

　林業局はGTZとのプロジェクトにおいて，1989年より森林認証制度を取得するためのさまざまな取り組みを行い，これまでもマレーシア木材認証制度などでも認証機関を務め，マレーシアに現地事務所を持っていたSGS社を認証機関として指名し，認証審査を依頼した．

　SGS社はD施業区においてFSC森林管理認証の第1期本審査を1997年6月2-6日に実施した．審査員は4人で，林業の専門家が3人，野生動物の専門家1人によって構成されており，人文社会科学系の専門家は含まれていなかった．本審査は，書類審査と実地審査，利害関係者への聞き取り審査，第三者による査読審査により行われた．社会面に関しては，5日間のうち，4日目に2人の審査員がW村を訪れ，村人に対してD施業区の森林施業について聞き取り審査を行った．しかし，実際にインタビューされた村人は数名で，森林施業による社会的影響は少ないという評価がなされた．施業区内の村人の非木材産物の生業利用についても規制すべきという指摘がなされた．

　維持審査は，基本的に改善要求が出された点のみを確認する．維持審査は年に少なくとも1回は行われるが，審査員は本審査と比べて数が少なく，日程も短い．D施業林の事例でも，維持審査では林学の専門家1人が，生態面，社会面，経済面すべての審査を担い，村でのインタビューも実施していた．これではすべてを網羅することはむずかしく，社会面に関しては見落とされることもある．

　表10.2はサバD施業林の場合の1997年から2001年までの是正処置要求をまとめたものである．違法伐採が3回ともっとも多く重大な是正処置要求として指定されており，林業局にとって森林認証制度を維持するためには，

表 10.2 D 森林施業区是正処置要求リスト（1997-2001）
(SGS Pubulic Summery より作成).

是正要求内容	是正処置要求 重大	是正処置要求 軽微	経過観察
森林管理計画		2	
伐採方法	2	9	3
長期調査プロット		2	
植生回復			1
野生動物		3	
社会面		1	
訓練		4	
水質管理		2	
火災監視		2	
作業道	1	2	
違法伐採	3		
計	6	27	4

取り組まなくてはならない喫緊の課題で，認証が取り消されてもおかしくない事態であった．その結果，林業局は，監視所の設置，ヘリコプターや船での監視活動，森林施業区と村との境界管理の強化を行った．土地問題のような複雑な問題に対し性急な対応を取ったことで，村人とのコンフリクトを引き起こし，事態を悪化させていた．一方，先住民族の慣習権の保障を求めるような是正要求が出されることはなかった．

10.5　森林管理での協働へのプラットフォーム

　林業局によって違法伐採対策として行われた境界管理が村人とのコンフリクトを助長してしまったということは，審査員も把握し，2000年以降，林業局に対し，村人との問題を把握し，コミュニケーションを推進する仕組みをつくり，村人への福利厚生につながる事業を行うよう是正処置要求において指摘するようになった．

　そのため，林業局は2002年にD森林施業区社会林業委員会を設立した．

この組織の目的は，社会林業の推進と村人と林業局が協働するためのプラットフォームとなることであった．しかし，実態としては林業局のトップダウン式の組織であり，委員長はD森林施業区長が務め，事務局も林業局職員が担っており，村人の権限は限られていた．D施業区の周辺村から代表者2人が選ばれ，委員として参加し，施業区での慣習的な利用，前述の村をまたがって位置する区域での焼畑などの要望を提起したが，林業局は州森林法で禁止されている以上，村人に施業区内の利用を認めることはむずかしいとの見解を覆すことはなく，しだいに参加者の足が遠のいていった．

会議の日程調整が直前で多くの委員の参加が叶わないなど，委員会は本来求めていたような機能を果たしていなかった．これまで村人の意見を定期的にヒアリングする場はつくられたことがなかったため，委員会の設置の意義は大きいが，法的な問題を含む土地問題などについては，ほとんど効果がないことが明らかとなった．しかし，その後の維持審査では委員会の実効性を疑問視されることはなかった．

林業局は，是正処置要求で指摘された福利厚生対策に際して，サバ州，州都コタキナバルに近い，ピナンパンに位置する村人のエンパワーメントなどを行うPACOS (Partners of Communities Organization) などのNGOの支援を求めた．PACOSは，キナバタンガン川の水質劣化が顕著であったため，より衛生的な生活用水の提供を求め，林業局にW村への重力式簡易水道の導入を提案していた．林業局は水源として，D森林施業区内にある川からの取水を許可し，イギリスのNGOとW村の村人との協働で2002年12月に簡易水道が完成した．標高150mに位置する水源にダムをつくり，塩化ビニル管で4km下流の村までつないでいたのだが，塩化ビニル管が土砂ですぐに詰まってしまい，村全域には行き届かず，上流部の10世帯までにしか水道が供給されていない状態が頻繁に起こっていた．敷設は比較的簡単にできるものの，維持管理に手間がかかり，その作業や費用の負担が課題となっていた．

簡易水道のほかの事業としては2000年以降，PACOS職員との協働によって，村人への手工芸品製作のためのトレーニングや幼稚園校舎の建設援助などが行われたが，PACOSの事務所からキナバタンガンは遠く，日常的なサポートがむずかしいことや林業局からの十分な予算が確保されなかったこ

とで，その活動が中断されてしまうことが多かった．地域社会との連携は，元来林業局が得意とする分野ではなかったため，それらの経験を有するNGOなどの参画は，プロジェクトを円滑に進めるうえでも利点は大きいが，長期的な支援につなげるには，十分な予算措置や支援体制がなければ維持が困難である．そもそも村人の自発的な生業活動とは異なる事業を導入する場合は，その傾向がとくに顕著であった．

　森林認証制度は，熱帯における先住民族の慣習的な権利を保障することを目的の1つとしていた．しかしながら，本章の事例からは，森林認証制度の導入によって，村と森林施業区の境界管理も強化され，村での生業が厳しく取り締まられ，生活に大きな影響を与えていたことが明らかになった．

　本事例では，FSC認証取得以前の準備段階において，林学的に持続可能な伐採手法については十分検討されていたものの，村人との協働については対策が不十分であった．そのために，森林施業区をめぐる林業局と村人との潜在的な対立について予見することができず，逆に認証取得後，村人とのコンフリクトを助長することにつながってしまった．

　本来，FSCはさまざまなステークホルダーが森林管理に参画することで，生態系，社会に配慮した森林管理の実現を可能とする仕組みであるが，必ずしもすべての事例で，各ステークホルダーがバランスよく参画できるわけではない．本事例のように地理的に遠く，参画できる資金力，組織力のあるNGOなども少ない場合，日常的に施業を行う林業局以外に参画できるアクターがいないといった状況が生じてしまう．もともとD施業区は州が直接管理している森林施業区であるため，既存法の遵守は必須で認証地域だけ特例的に村人の利用を認めるというような柔軟な対応が困難ということもあった．村人側もたとえFSCの原則で認められていたとしても，州政府との直接的な対立は避けたいという思いが強く，結果的に慣習的な権利保障の声をあげることがむずかしい状況であった．

　本章の事例のように，熱帯地域でステークホルダーの参画がむずかしい地域において，認証の導入によって結果的に国や企業による資源管理の強化につながるトップダウン的な森林管理の導入を招いてしまう可能性は高い．先述したとおり，FSCの新しい原則3で採択された「先住民族の権利に関する国際連合宣言（UNDRIP）」，「自由意志による，事前の，十分な情報にも

とづく同意 (FPIC)」の実施がこれらの問題のセーフガードとなることを期待しているが，本事例の場合，そもそも原則3が適用されていなかった．今後，森林認証が先住民族の慣習権を保障するシステムとして機能していくには，より詳細な社会的影響評価を可能とする審査システムの確立とステークホルダーの参画を保証する仕組みの構築が求められている．ただし，認証審査やステークホルダーとして，適切な人材の参画を確保するには十分な時間と費用が必要であり，結果的に認証取得者の負担増になってしまうのでは実質的な解決にはつながらないだろう．今後とも認証制度の動向を注視していきたい．

引用文献

Azmi, R. 1996. Protected areas and rural communities in the lower Kinabatangan region of Sabah. Sabah Society Journal, 13：1-32.
Department of Statistics, Malaysia. 2010. Population Census 2010. Department of Statistics, Malaysia.
FSC. 2012. FSC Principles and Criteria for Forest Stewardship：FSC-STD-01-001 V5-0 EN. FSC.
FSC. 2015. FSC Homepage. https://ic.fsc.org/ （2015年12月3日閲覧）
Global Witness. 2013. An Industry Unchecked：Japan's Extensive Business with Companies Involved in Illegal and Destructive Logging in the Last Rainforests of Malaysia. Sept. Global Witness.
Hong, E. 1987. Natives of Sarawak Survival in Borneo's Vanishing Forests. Institut Masyarakat, Malaysia.
JOANGO Hutan. 2005. Malaysian Timber Certification Council (MTCC) Legalises Illegal Timbers. Press Statement on December 2, 2005. JOANGO Hutan, Kuching, Sarawak.
金沢謙太郎．2012．熱帯雨林のポリティカル・エコロジー．昭和堂，京都．
Manan, S., Y. Awang, A. Radin, A. Abai and P. Lagan. 2002. The Sabah Forestry Department Experience from Deramakot Forest Reserve：Five Years of Practical Experience in Certified Sustainabe Forest Management. Paper presented at the Seminar on Practising Sustainable Forest Management Lessons Learned and Future Challenges Held at Shangri-La Tanjung Aru Resort Kota Kinabalu Sabah 20-22 August 2002.
MTCC. 2015. Holder of Certificate for Forest Management. http://www.mtcc.com.my/ （2015年12月3日閲覧）
内藤大輔．2010．マレーシアにおける森林認証制度による地域住民への影響．（市川昌広・生方史数・内藤大輔，編：熱帯アジアの人びとと森林管理制度）pp. 151-167．人文書院，京都．

内藤大輔．2014．マレーシア・サバ州における森林管理の変遷と地域住民の生業変容．東南アジア研究，5（1）：3-21．
Sabah Forestry Department. 1979. Annual Report. Sabah Forestry Department.
Sabah Forestry Department. 2005. Forest Management Plan 2 Deramakot Forest Reserve FMU19, Sandakan. Sabah Forestry Department.
SGS. 1999. Forest Management Certification. SGS.
立花敏．2000．東南アジアの木材産出地域における森林開発と木材輸出規制政策．地域政策研究，3（1）：49-71．
都築一子．1999a．北ボルネオ勅許会社統治時代の林業史（1881-1946年）．林業経済，614：27-36．
都築一子．1999b．マレーシア・サバ州における開発政策と熱帯林減少の関係──第二次大戦後からの商業伐採・農地転換による熱帯林減少のメカニズム．現代社会文化研究，14：239-280．
United Nations Economic Commission for Europe（UNECE）and Food and Agriculture Organization（FAO）. 2013. Forest Products Annual Market Review 2012-2013. UNECE, FAO.

第11章
小規模家族経営水産養殖と世界基準
――ベトナムの有機エビ養殖

大元鈴子

　環境への配慮を「認証」された農産物の需要が，世界市場で急激に高まっている．大型エビなどの熱帯地域の開発途上国で輸出向けに生産される高価値な水産物も例外ではない．認証制度では，トレーサビリティの確保が重要な要件の1つである一方で，国際認証が生産現場にもたらす変化の実態は，消費者サイドにはなかなか伝わらない．ベトナムのメコンデルタの最南端の省カマウでは，ベトナム初となる国際「有機」認証を受けたエビが生産され，ヨーロッパに輸出されている．このエビは，マングローブの伐採などの環境への影響を軽減するために導入された環境認証を受けている．通常，海外からの資本や制度が開発途上国に導入されると，一次産業の大規模化・画一化が進み，小規模生産者を締め出すことが懸念される．この章では，環境認証を通じた海外からの「サステイナビリティ」定義の導入が，開発途上国の生産現場にどのような影響を与えうるかについて，ベトナムの家族経営による有機エビ養殖の事例をもとに議論する．

11.1　養殖水産物に対するオーガニック基準

(1)　熱帯におけるエビ養殖の現状と課題

　コーヒー，バナナ，あるいはブラックタイガーエビ（和名：ウシエビ，以下，ブラックタイガー）などは，熱帯に位置する開発途上国で，その気候条件を利用して生産される輸出向け生産物である．とくにブラックタイガーは，東南アジアの国々を中心に1980年代に生産ブームを起こした（Hall, 2004）．
　水産養殖は，規模・量ともに「工業化」している．1940年代から1960年

代にかけて起こった農業のグリーン・レボリューション（緑の革命）になぞらえ，ブルー・レボリューション（青の革命）と呼ばれているが，とくにエビの集約的養殖について言及されることが多い．緑の革命は，開発途上国の食糧生産力（米の収量）を高めるために改良された高収量品種の耕作によりもたらされたが，大量の化学肥料，農薬，水の投入に頼った収量の増大であったため，収穫は増えても必ずしも収入は増えなかった．また，その土地の気候や環境に合った在来品種の喪失に対する批判のほか，環境への影響や農村社会への影響などについての反省点も多い．青の革命もまた，1990年代初めより，深刻な環境・社会影響が研究者や環境NGOから指摘されている．エビの養殖池は，多くの場合，海岸のマングローブを切りひらいて造成される．2004年に起こったスマトラ島沖地震による津波では多くの命が失われたが，沿岸のマングローブ林がエビ養殖池のために伐採されていたことが被害の拡大につながったともいわれている（村井，2007）．

　ベトナムでのエビ養殖は，1970年代以前から粗放養殖として行われていたが，産業として拡大したのは1986年のドイモイ（刷新の意）政策（Đổi mới；1986年の第6回党大会で決議されたスローガン的な造語．市場経済の導入や性急な社会主義体制確立の緩和など，ベトナムにさまざまな転換をもたらした政策）以降である．また，2000年の政府決議 No.09/2000/NQ-CPでは，生産性の低い沿岸部の塩分を含む水田のエビ養殖池への転換が許可され，よりいっそうの拡大が見られた（Nhuong et al., 2006；Raux et al., 2006）．アジアのエビ生産国では，エビ養殖の技術革新により，1980年代に集約養殖による輸出向けエビ養殖ブームが起こったが（Hall, 2004），ベトナムにおける1990年代の半ばまで養殖エビの増産は，集約養殖への転換ではなく，もっぱら養殖面積の拡大によってもたらされた（Lebel et al., 2002）．現在のベトナムのエビ養殖産業は，小規模の粗放もしくは改変型粗放養殖が中心（25万家族経営農家）ではあるが，8000の半過密養殖と過密養殖の経営体もあり，全養殖池面積の10-15％を占めるまでに成長しており（Nhuong et al., 2011），ベトナムにおいてもまた，エビ産業は，半過密・過密養殖へと向かっていることがわかる．

(2) 有機水産物の歴史・定義と生産の伸び

　有機やオーガニックと呼ばれる食品市場は，急速に成長しており，国によっては有機と表示した水産物をスーパーマーケットで見かけるようになった（日本の有機JASに水産物のカテゴリーはない）．一般的な養殖水産物の生産が，1970年から年率9％で成長している一方，2002年の有機養殖水産物の養殖水産物に占める割合は0.01％にすぎなかった（Bergleiter, 2001）．しかしながら，2000年に5000トンと推定された世界の有機水産物の生産は，2007年に7000トン（Franz, 2005），2008年には5万3500トン（Bergleiter et al., 2009）と増加しており，じつに2002年比で950％の成長を遂げている．

　世界には，80以上もの有機養殖基準が存在するといわれており，そのうち18の基準設定者はEU諸国である．その基準に沿って生産を行う地域と生産量は，2008年のデータによると，ヨーロッパで2万5000トン/年，アジアで1万9000トン/年，ラテンアメリカで7000トン/年となっている．国別では，中国が1万5300トン/年，イギリスが9900トン/年，エクアドルが5800トン/年となっている（Bergleiter, 2008）．現在では，開発途上国で生産される有機養殖水産物がさらに増加しているものと思われ，ベトナムでも，エビ以外に，パンガシウスというナマズの養殖が有機認証を取得し，輸出されている（池口，2013）．しかしながら，これらの有機養殖生産に対する基準は統一されていない．

　土壌を生産基盤とする有機農産物では，国による認証基準が設定され，広く用いられているが，有機水産物認証では，民間団体による認証制度がその役割を担うことが多い．有機水産物認証の設定者の多くが，IFOAM（国際有機農業運動連盟）の基本基準（IBSs）にもとづいて基準を設定しているが（Bergleiter, 2008），そもそも「有機養殖水産物」とはなにか，はたして成立する概念なのかという根源的な議論が今も続いている．たとえば，有機養殖に批判的な人々は，天然魚以上にオーガニックになる魚は存在しないと主張し，推進派は，有機というのは，天然物ではなく自然と社会の間に存在するスペースで，農家はその2つをつなぐエージェントの役割を果たしている，と反論する（Mansfield, 2004）．

11.2 小規模家族経営エビ養殖の村

(1) 土地の成り立ちと養殖法

　ベトナム初となる認証取得有機エビの養殖は，ベトナム最南端のメコンデルタ最下流のカマウ省で，国が主導するパイロットプロジェクトとして2001年に始まった．このプロジェクトの対象となった場所は，カマウ省ナムカン県タムジャン村の一部でLNT184（Lam Ngu Truong 184；国有林業・漁業会社184）と呼ばれる政府によって設立された国有会社により管理され，その範囲は6475 haである．ベトナムのマングローブ林は，1959-1975年のベトナム戦争下での破壊とドイモイ政策前後の経済沈滞と回復による伐採により，その多くが失われた．LNT184は，森林再生の拠点として1987年に設立された．LNT184が管轄するエリアのうち，6141 haを個人のエビ養殖農家が管理しているが，これは農家とLNT184間のマングローブ林管理に対する契約による．この契約は，1995年より，グリーンブックと呼ばれる20年間（通常）の土地貸借登録にもとづく（一般用地に対する土地使用権登録証明書［いわゆる「レッドブック」］とは異なったスキームが適用されている）．契約では，土地は国有のままで，農家に住居を建てることと養殖活動を行う権利を与える．土地の利用を認める代わりに，森林の管理とその土地の森林再生が目標に達していない場合には，農家が植林をする義務を負う．ちなみに，潮の満ち引きの大きいマングローブ林に位置するLNT184でのおもな交通手段は，船外機付きの小型ボートである．LNT184管轄に住む人口は，2075世帯，4497名（2007年）で，そのうち約150世帯がエビの養殖に従事しておらず，小さな商店や飲食店，農業，また水産種苗生産（エビ，ノコギリガザミ，魚類）に従事している．大多数の世帯にとって，エビ養殖が主要収入源であり，ほぼすべてのエビ農家が家族経営で，賃労働者はいない．

(2) 粗放エビ養殖方法

　現在のLNT184がある地域への最初の入植は，ベトナム戦争中であった（WWF, 2006）．入植者は，残存していたマングローブ林を，移動耕作やシ

ルボフィッシャリー（Silvo-Fishery System；マングローブを利用した漁業）というかたちで利用し始めた（Christensen, 2003）．1990年代初めに，この地域にブラックタイガー（*Penaeus monodon*）の種苗生産が導入されると，シルボ養殖漁業システム（Silvo-Aquaculture-Fishery Systems；SAFS．自然の潮流による水の動きを利用した養殖と漁業法）が行われるようになる（Christensen, 2003）．この養殖方法は，養殖池の3つの特徴からなる．①潮の満ち引き（汽水域）により水路から養殖池に泳ぎ込む水生動物の養殖（もしくはその漁業），②種苗導入によるブラックタイガーとノコギリガザミの養殖，③池のなかと堤へのマングローブの植林，である．いわゆる「完全」粗放養殖で，給餌を必要とせず，天然のプランクトン供給に依存する．事例サイトでは，干満の差がたいへん大きく，1-3 mにもなるが（Binh and Kwei Lin, 1995），満ち潮を利用し，稚ガニ，稚エビまた魚類などの水生動物を，それらより大きな網目を通して養殖池に導入する．また，引き潮時には，池のなかで成長したエビが，水路に泳ぎ出る習性を利用して，水門に設置した網で収穫する．それぞれの養殖池には，養殖池脇のスペースに建てた家にLNT184と契約している農家が住んでいる（図11.1）．ブラックタイガーについては，孵化場からの稚エビ（Post Larvae；PL）を使用する．孵化場からの稚エビを使用し始めたそもそもの理由は，天然のブラックタイガーの稚エビが減少し，必要な量を得られなくなったからである．しかしながら，この事例の有機認証エビは，孵化場からのPLの使用が認証基準に定められ

図11.1 調査地におけるエビ養殖池と隣接する農家模式図．

図 11.2　マングローブに覆われた養殖池.

ている．ブラックタイガーの養池期間は，季節（雨季と乾季）と池の状態により変わるが，およそ3カ月間である．

各農家が管理する養殖エビ池（堤防で区切られた養殖池と隣接する土地）の平均サイズは（池，マングローブ林，家，畑などを含む），5.08 ha であるが，上位3つの大きいプロット（それぞれ 86，100.23，134.5 ha）を除いた平均は，4.83 ha となる．最少のプロットは，0.3 ha である．養殖池のみの平均サイズは，2.54 ha であるが，LNT184 にある大多数の養殖池が，その 50％以上をマングローブに覆われている必要があることから，利用できる水面は平均で 1.27 ha ほどである（図 11.2）．

(3) エビの収穫

事例サイトで行われている養殖方法では，エビの収穫は満月と新月時の大潮を利用し，前後 3，4日間に行われる．成熟したエビが交尾のため流れに泳ぎ出ていく習性を利用して，養殖池の水路に面する水門に設置した網で収穫する．成熟したエビのみが泳ぎ出ていこうとするため，サイズの小さなエビを選別して池に戻す必要はない．池の清掃時期以外は，通年エビの収穫を行うが，通常水温と塩分濃度が低下する雨季には収穫が少なくなる．また，病気の発生も雨季に多く，そのためエビ農家は意識的にエビの養殖密度を下げるなど対策を行っている．ブラックタイガーの病気の発生が増えたため，

表 11.1 SAFSシステムで養殖される種.

和名（英語名）	学名	ベトナムでの名称
ウシエビ（Black tiger prawn）	*Penaeus monodon*	Tom su
テンジクエビ (Indian white prawn)	*Fenneropenaeus indicus*	Tom the／White shrimp
バナナエビ（Banana prawn）	*Fenneropenaeus merguiensis*	
ヨシエビ (Offshore greasyback prawn)	*Metapenaeus ensis*	Tom bac
バードシュリンプ (Bird shrimp)	*Metapenaeus lysianassa*	
ノコギリガザミ（Mud crab）	*Scylla serrata*	Con cua lua

ベトナム語名は調査地における名称であり，他地域では別名で呼ばれることもある．また，和名に関しても同様．

　副次的に養殖するノコギリガザミの生産の重要性が増しており，アンケート調査を行ったすべての農家が，エビと合わせてノコギリガザミを養殖している．この事例サイトでは，販売するブラックタイガーなどの大型エビ以外にも，その他の小型エビや魚が収穫される．これらは，家庭の食事の材料として利用される（図11.3）．表11.1に，この養殖方法で生産される代表的な種をあげる．

　収穫日の朝早く，農家は収穫したエビを基準に則り発泡スチロールの箱に，50％以上の氷と一緒に詰め，認証仲買人の到着を待つ．認証仲買人は，農家に到着すると，ビニールシート上にすべてのエビをあけ，サイズごとに選別を行う．農家に代金を支払い，エビを「ORG」（オーガニックの意）と書かれた別の発泡スチロール箱におさめる（エビは，この時点でほかの認証農家で買い取った有機エビと混ざることになる）．認証エビの買い取りの証明として，仲買人は，「フォームA」と呼ばれる書類に，日付，エビ買い取り時刻，エビの総量と質，およびその他の買い取った水産物の量を記入する．農家は，フォームの一番下に，基準に準拠して生産した証明としてサインする．そして，フォームAのカーボンコピーが農家に手渡される．この「フォームA」をもとに，農家が後日受け取るはずになっているボーナス（有機エビに対するプレミア価格，販売金額の15％）を計算することになる．認証

190 第11章 小規模家族経営水産養殖と世界基準

図 11.3 家庭の食事の材料として利用されるエビ．

図 11.4 集荷ステーションに運ばれたエビ．

　仲買人は，1人あたり 14-23 軒の認証農家を訪れ，大潮の前後 3，4 日間（月2 回）に認証エビを買い取る．

　認証仲買人がエビ農家を回って買い集めた有機エビは，有機エビ加工会社（認証取得）である CAMIMEX の現地集荷ステーションに運ばれる．集荷ステーションの係員は，エビをサイズごとに仕分けし，会社本部からの価格表にしたがい，仲買人に代金を支払う（図 11.4）．認証仲買人は，この際「フォーム B」（仲買人に対するプレミア価格を計算するため）を販売記録と

表 11.2　公式認証状況と農家の認識（70 池について）．

認証状況	2006 年の公式監査結果	エビ農家の認識
認証取得	39	52 池 （49 家族）
審査候補になっていない	21	8
認証一時停止／認証取り消し	10	5
知らない／よくわからない	N/A	2
審査を受けたがまだ認証されていない	N/A	3
合計	70	70

して受け取る．認証を取得した農家は，年1回の監査を受けるが，このときに，基準への非準拠があり，認証の一時停止または認証取り消しになった場合，担当の認証仲買人が該当農家に伝える仕組みになっている．

2007年に行ったLNT184でエビの養殖を営む世帯に対するアンケート調査では，39の認証取得エビ農家，21の認証未取得エビ農家，10の認証一時停止のエビ農家の合計65世帯，70養殖池に対して行った（1世帯が複数の養殖池を利用する場合がある）．各認証状況農家の数に偏りがあるのは，公式認証状況と農家の「自覚」認証状況との間に違いがあったため（表11.2），当初予定した数への調査ができなかったからである．65世帯のうち，58世帯が，エビ養殖を行うためにLNT184へ移住してきた世帯である．その他の7世帯については，もともとこの土地に暮らしていた人，もしくは両親と生活するために故郷に戻ってきた人である．移住前の職業については，31世帯がコメ農家であった．これは，エビ養殖は，米作に比べ高収入であると米農家の間で広く認識されていることと一致する回答である．また，16世帯が通常のエビ養殖（マングローブを利用しない）からの転向であった．

11.3 有機エビ認証の導入

(1) オーガニックエビ・パイロットプロジェクト導入の経緯と成果

　この事例の認証有機エビの生産は，2001年にベトナム初の国際認証取得の有機水産物であり，ドイツを拠点とする有機生産物に対する認証基準を策定・管理しているネイチャーランド（Naturland）の認証を受けている．この有機エビプロジェクトは，初めスイス輸入振興プログラム（Swiss Import Promotion Programme; SIPPO）とベトナム政府との共同によって提案された．2000年にはSIPPO，ネイチャーランド，コープ・スイス（スーパーマーケット），IMO（The Institute for Marketecology; 認証機関）とベトナム水産輸出加工協会（Vietnam Association of Seafood Exporters and Producers; VASEP）が，このパイロットプロジェクト開始に先立ち，有機エビ養殖の候補地の検討と，その環境に関する詳細な調査を行った．また加工会社が国際有機基準に準拠する能力があるかどうかを，ほぼ2年間かけて調査した．環境に関する条件が確認され，LNT184における有機エビの生産が開始された．そして，CAMIMEX（Camau Frozen Seafood Processing Import-Export Corporation; 半官加工会社）が唯一の加工会社（当時）となる．2001年12月21日付で，約150のエビ農家（生産認証）と加工会社（加工認証）がネイチャーランドの有機認証をIMOの審査により受けた．初年度の（2002年）の輸出量（加工形態）は，1万7000 kg，金額にして約27万ドルであったのが，2010年には，それぞれ37万211 kg，3149万ドルと成長を見せている．

(2) オーガニックエビの認証基準

　ネイチャーランドの有機エビ基準は，「有機養殖に対する国際基準：エビ生産編」（International standards for organic aquaculture, part production of shrimp; Naturland *et al.*, 2002）にもとづいており，汽水域のマングローブ林をうまく利用した魚・エビ・カニの多種養殖方法であるSAFSに適合するように改定されている．以下にとくに重要な基準を抜き出した．
- エビ養殖ファームを建設・拡張するために，マングローブ林を除去・劣化

させることは許可されない．移植や間伐などのマングローブの管理は，現在の規制に則って行うことができる．
- 人工の餌は使用しない．
- 5年以内に，養殖ファームの総面積の70%が，植林されなければならない．
- 養殖池には，在来種のみ飼養できる．在来種でない魚類やエビの飼養は禁止する．
- 天然で捕獲されたPLや親エビを養殖池に導入してはならない．しかしながら，潮流に乗って受動的に養殖池に入る天然の稚エビについては許容される．
- 有機認証を受けた孵化場からの稚エビがなるべく早く導入されるべきである．
- 養殖池の水は，潮流によって交換，冠水，排水されなければならない．
- 収穫時の最大養殖密度は，$1 m^2$に20匹以内とする（SAFSシステムにおいては，自然の許容量［池内の餌量］によって養殖密度が制限されるため，養殖密度を設定する必要はない）．
- 抗生物質ならびに化学薬品の養殖池への投入を禁止する．

上記の基準にもとづき，エビの生産段階の認証審査が第三者認証として行われる．

(3) 有機エビの買い取りとトレーサビリティの確保

認証農産物にとって，トレーサビリティの確保は非常に重要であるが，この有機エビ事例の場合，地理的条件によりこのトレーサビリティの保証が少しむずかしい．有機エビのトレーサビリティは，エビの仲買人によって確保される仕組みとなっている．

加工会社の集荷ステーションへ各農家で買い取ったエビを運搬するのは，仲買人の役割である．これは，水路が複雑に入り組んだ場所であるため，それぞれの農家が少量のエビを直接加工会社へ運ぶより，仲買人が各農家でエビを回収してまとめて持ち込むほうが効率がよいからである．認証有機エビを扱うには，仲買人も認証を取得しなくてはならない．認証を取得した仲買人は，認証農家のリストを作成し，自身に有機エビを占有的に販売する約束をとりつける．自分の回収エリア内に認証を取得した農家があれば，専売契

約の交渉に行くわけである．仲買人が買い取り時に農家に渡す書類に記載されている量と価格をもとに，プレミアム価格（有機エビに対するボーナス）が後日農家に支払われる．

認証仲買人は，もちろん認証を取得しているエビ農家からのみ，エビを購入することになっている．しかしながら，調査を始めてすぐに，認証機関から提供を受けた正式な認証の状況とエビ農家の認識が違うことが多々あることに気付いた（表11.2）．70池の認証状況の聞き取りを行ったが，そのうち25池について，農家の認識が正式な認証状況とは違っていた．11池については，農家は認証を受けていると認識していたが，正式記録では認証一時停止で，7件については，審査候補になっていないにもかかわらず，認証を受けたと認識していた（その他については表11.2参照）．この認証状況の混乱の要因の1つには，認証状況の変更は，認証仲買人がエビ農家に伝えることになっているが，必ずしもこれが徹底されていないからで，また認証仲買人以外にその役割を果たす人が不在だからである．

アンケート調査により明らかになったことは，認証取得エビ農家が，必ずしも認証仲買人を通じて，有機エビとして生産物を流通させていないことである．インタビューした49軒の認証取得エビ農家のうち，32軒は認証仲買人に販売している．非認証仲買人にも販売する認証農家は17軒で，13軒はおもに非認証仲買人に，また4軒はだれにでも販売すると答えた．また，必ず特定の認証仲買人にエビを販売しているエビ農家にとってさえ，認証仲買人がいつも買い取りにきてくれるとは限らない．たとえば，多数のエビ農家がエビを収穫する日からずれてエビを収穫した場合や収穫量が少ない時期などには，認証仲買人は，買い取りの訪問をはしょったりする（ボートの燃料を節約するため）．そのため，主要な収穫日以外の日に，非認証仲買人にエビを販売する農家は，28軒に増える．ブラックタイガー以外の種のエビを，非認証仲買人に販売している農家は19軒であった．販売先の違いは，買い取り価値の差によるところも大きい．認証仲買人は，加工会社から提示されたエビ価格表に準じてエビを農家から買い取ることになっており，この価格表は仲買人から農家に伝えられる．しかしながら，この価格表の存在を知っている農家はほとんどおらず，アンケート結果では，49農家中2軒のみが知っていた．表11.3は，認証取得エビ農家に，有機エビと通常のエビの流

表 11.3 認証取得エビ農家の価格に対する評価（合計 49 農家）．

ブラックタイガーについて，有機エビ価格（ボーナス省く）と通常エビ価格のどちらがより高い価格ですか？
● 有機エビ価格（ボーナス省く）：0 農家 ● 通常エビ価格：34 農家 ● わからない：1 農家
ブラックタイガーについて，有機エビ価格（ボーナス含む）と通常のエビ価格どちらがより高い価格ですか？
● 有機エビ価格（ボーナス含む）：16 農家（平均約 3100 ベトナムドン/kg 高い．回答者により 750 -7000 ドンの幅） ● 通常エビ価格：19 農家（平均約 5500 ベトナムドン/kg 高い．回答者により 2000-1 万 5000 ドンの幅） ● どちらもおよそ同じくらい：10 農家 ● わからない：4 農家
ブラックタイガー以外のエビについて，認証仲買人と通常仲買人のどちらがより高い価格を提示しますか？
● 認証仲買人：0 農家 ● 通常仲買人：25 農家（約 3978 ベトナムドン/kg 高い．回答者によって，1000- 6000 ドンの幅） ● どちらもおよそ同じくらい：22 農家 ● わからない：1 農家 ● 認証仲買人にその他のエビを販売したことがないので，わからない：1 農家

通経路のうち，どちらの価格が高いか認識を聞いた結果である．すべてのケースについて，通常のエビ流通経路での販売価格が有機を上回っていると答えた農家のほうが多かった．

　認証仲買人のなかには，ブラックタイガー以外のエビを買い取らない人もいるが，ブラックタイガー以外のエビも有機認証対象となるこのプロジェクトでは，同時に買い取ることになっており，守られていないことになる．しかしながら，認証仲買人にも事情がある．加工会社の集荷ステーションが，ブラックタイガー以外の種のエビを買い取るかどうかは，認証仲買人が各有機エビ農家からエビを買い取り，集荷ステーションを訪れた時点で仲買人に伝えられる．集荷ステーションが，その他のエビを買い取らない場合，認証仲買人は，別のマーケット経路を探し，そのエビを販売する必要があるが，通常は，ブラックタイガーの市場価値がほかのエビより高いため，その他のエビだけを販売するマーケットを探すのはむずかしい．そのため，多くの認

証仲買人が，リスク，時間，燃料の節約のために，認証エビ農家からブラックタイガーのみを買い取ることになる．また，加工会社がその他のエビを買い取るかどうかは，輸入国の需要に左右される．

11.4　国際有機エビ認証でマングローブを守るということ

(1)　認証導入による生産者へのインパクト

　関係者へのインタビューを通じて，この有機エビプロジェクトにおいて，エビ農家が有機認証を取得するのは，技術的にも資金的にもむずかしいことではないことがわかった．もともと行われている養殖方法とマングローブの管理が，有機認証の基準を満たしているからである．また，認証にかかる費用も加工会社により負担されている．要するに，「通常のエビ」が「有機エビ」として扱われるには，有機エビ用の流通経路を通ったかどうかだけである．そうであるならば，認証エビ農家にとって，どの流通経路を選択するかは，エビの価格に左右される．しかし，表11.3に示したように，必ずしも有機エビに通常のエビより高い価格が付くわけではない．エビ農家のなかには，自主的に有機エビプロジェクトから撤退するケースが多数見られた．

　認証制度の消費サイドへの信頼担保の要は，トレーサビリティにある．生産現場で確認された基準に準じた生産と管理による生産物が，消費現場まで確実に届くのに不可欠なシステムである．しかしながら，その逆方向への情報の伝達は，はたして確保されているのだろうか．この事例では，環境認証を中心にして人や組織のネットワークが新たに構築された．ところが，そのネットワーク内での情報の共有は，トレーサビリティ（生産現場から消費現場方向）に特化しており，生産者への情報は途切れがちであった．また，海外市場の嗜好に左右され，ブラックタイガーのみが有機エビとして流通する．価格を保証し，生産者の利益をしっかり守ることが，ほんとうの意味での，持続可能な有機生産物になるのではないだろうか．とくに開発途上国での資源管理認証には，双方向の情報共有を確実にし，生産者が確実に利益を得られる仕組みがたいへん重要となる．先進国による「サステイナビリティ」の定義の一方的な押しつけにならずに，長期的なビジネスを構築するためには，

途上国の生産者の生活の持続可能性を担保する資源管理認証の役割の強化が必要である．

(2) 国際有機認証による小規模エビ養殖の現代的価値の可視化と発信

事例サイトにおける小規模エビ養殖方法が今日まで継続してきた背景には，国のマングローブ林の再生事業にかかる規制とユニークな行政区分に起因するといえるが，開発途上国の遠隔地に導入される環境に関する養殖水産物認証制度について，この事例から得られる知見がいくつかある．

多くの開発援助団体と開発途上国の政府が，経済発展と貧困の解決策として輸出向けの水産物生産を奨励しており（Primavera, 1997; Islam, 2014），地域の生業と食糧保証（タンパク質へのアクセス）の向上のためのよい選択肢とされてきた．途上国政府にしてみれば，水産養殖は海外の投資家をひきつけ，また輸出向けの養殖は外貨の獲得につながり，経済発展に貢献する．しかしながら，このような「理想的」とされる水産養殖開発について，疑問を呈する研究者もいる（Macabuac and Cecilia, 2005; Rivera-Ferre, 2009）．もし，貧困の軽減を目標にした養殖開発であれば，養殖の規模，ターゲットにする市場，労働力などを考慮する必要がある．ところが，海外からの投資にとって魅力のあるような養殖業は，たいてい大規模な単一種養殖で，輸出向けに付加価値の高い種（食物連鎖の上位）であり，このような養殖は，経営者と投入資材供給者のような特定の関係者が利益を独占する．そして，この事象はエビ養殖にもあてはまる（Stonich and Bailey, 2000）．自由化が進む国際貿易においては，グローバルサウス（開発途上国と移行経済国を合わせた地域を指す用語）の小規模生産者は，大規模な競争相手と戦うことになり（Murray, 2002など），いずれは消滅するのではないかと議論する研究者もいる（McLaughlin, 1998）．

そのような政策が小規模生産者に与える影響，とくに認証の取得が必須となりつつある世界市場において，大規模生産者と同等のパフォーマンスができるかは，長らく議論の的となっている（Bene et al., 2010）．一般的に開発途上国においては，国際認証基準に準拠すること自体がハードルになるとされるが，この事例では，この地方特有の粗放養殖方法そのものが国際基準を満たしていたため，エビ養殖農家にとって，認証の取得はそれほどむずかし

くはなかった．

　この事例の注目すべき点の1つは，国際的な有機エビ認証の導入が，開発途上国の遠隔地における農産物（アグロフード）生産を国際認証基準によって国際基準へアップグレード（近代化）することによって変革させたのではなく，環境認証のまわりに構築される代替コモディティネットワーク（alternative commodity network）を通じて，小規模養殖生産の環境に対する正当性（現代の付加価値）を，地域に残るローカルな知識を用いた生産手法を変更することなく与えたことにある（Omoto and Scott, forthcoming）．そして，伝統的知識を利用した，投入資材のごく少ない方法で生産された水産物が，環境的・倫理的に生産された水産物への需要が高まっている世界市場につながったのは，国際的な認証を受けたからである．その一方で，開発途上国の小規模生業が国際市場とつながりながらも，認証制度を通じてその環境的"見えない"価値を発信することにより，環境保全や自家消費食糧の生産などの多機能性（multifunctionality）を保てるという可能性も示唆している．しかしながら，トレーサビリティが必須要件の国際認証制度による新たな流通の関係により，既存の市場関係に変化がもたらされ，その結果，養殖農家にとって不利な事象も確認された．同時に，国際認証により構築されるネットワーク内での情報の流れの一方向性（生産地から消費地への）という課題も浮き彫りにされた．現在，有機エビ生産にかかわる加工会社の数は，フィールドワークを行った当時より増えている．依然として過密養殖への転換期にあるベトナムにおいて，有機エビが生産者の持続可能な生業として選択され，定着するためには，認証ネットワーク内のエビの流通経路や情報共有のあり方など，さらなる革新が必要である．

引用文献

Bene, C., B. Hersoug and E. H. Allison. 2010. Not by rent alone : analysing the pro-poor functions of small-scale fisheries in developing countries. Development Policy Review, 28 : 325-358.

Bergleiter, S. 2001. Organic products as high quality niche products : background and prospects for organic freshwater aquaculture in Europe. Paper presented at the ad hoc EIFAC/EU Working Party on Market Perspectives for European Freshwater Aquaculture, Brussels (Belgium), 12-14 May 2001.

Bergleiter, S. 2008. Organic aquaculture. *In* (Willer, H., M. Yussefi-Menzler and N. Sorensen, eds.) The World of Organic Agriculture : Statistics and Emerging Trend in 2008. pp. 83-87. International Federation of Organic Agriculture Movements (IFOAM) Bonn, Germany and Research Institute of Organic Agriculture (FiBL). Frick, Switzerland.

Bergleiter, S., N. Berner, U. Censkowsky and G. Julia-Camprodon. 2009. Organic Aquaculture 2009 : Production and Markets. Munich, Organic Services GmbH and Graefelfing, Naturland e.V.

Binh, C. T. and C. Kwei Lin. 1995. Shrimp culture in Vietnam. World Aquaculture, 26 (4) : 27-33.

Christensen, S. M. 2003. Coastal Buffer and Conservation Zone Management in the Lower Mekong Delta, Vietnam : Farming and Natural Resources Economics. The Royal Veterinary and Agricultural University, Copenhagen.

Franz, N. 2005. Overview of Organic Markets : An Opportunity for Aquaculture Products? FAO/GLOBEFISH Research Programme, Vol. 77. FAO, Rome.

Hall, D. 2004. Explaining the diversity of southeast asian shrimp aquaculture. Journal of Agrarian Change, 4 (3) : 315-335.

池口明子. 2013. オーガニック・ナマズ？——有機認証とメコンデルタの養殖. (林紀代美, 編：漁業, 魚, 海をとおして見つめる地域) pp. 124-134. 冬弓舍, 京都.

Islam, M. S. 2014. Confronting the Blue Revolution : Industrial Aquaculture and Sustainability in the Global South. Univerisity of Toronto Press, Toronto.

Lebel, L., N. H. Tri, A. Saengnoree, S. Pasong and K. Thoa le. 2002. Industrial transformation and shrimp aquaculture in Thailand and Vietnam : pathways to ecological, social, and economic sustainability? AMBIO : A Journal of the Human Environment, 31 (4) : 311-323.

Macabuac, M. and F. Cecilia. 2005. After the Aquaculture Bust : Impacts of the Globalized Food Chain on Poor Philippine Fishing Households. Doctoral Dissertation, Virginia Polytechnic Institute and State University, Virginia.

Mansfield, B. 2004. Organic views of nature : the debate over organic certification for aquatic animals. Sociologia Ruralis, 44 (2) : 216-232.

McLaughlin, P. 1998. Rethinking the agrarian question : the limits of essentialism and the promise of evolutionism. Human Ecology Review, 5 (2) : 25-39.

村井吉敬. 2007. エビと日本人Ⅱ——暮らしのなかのグローバル化. 岩波書店, 東京.

Murray, W. 2002. From dependency to reform and back again : the Chilean peasantry during the twentieth century. Journal of Peasant Studies, 29 (3-4) : 190-227.

Naturland, SIPPO and IMO. 2002. International Standard for Organic Aquaculture, part Production of Shrimp. Edited by Institute for Marketecology (IMO), Weinfelden, Switzerland.

Nhuong, T. V. *et al.* 2006. The shrimp industry in Vietnam : status, opportunities and challenges. *In*（Rahman, A. A., A. Quddus, B. Pokrant and A. M. Liaquat, eds.）Shrimp Farming and Industry : Sustainability, Trade and Livelihoods. pp. 235-254. The University Press Limited, Dhaka.

Nhuong, T. V., B. Conner and W. Norbert. 2011. Governance of global value chains impacts shrimp producers in Vietnam. Global Aquaculture Advocate, November/December 2011 : 44-46.

Omoto, R. and S. Scott. Forthcoming. Multifunctionality and agrarian transition in alternative agro-food production in the global South : the case of organic shrimp certification in the Mekong Delta, Vietnam. Asia Pacific Viewpoint.

Primavera, J. H. 1997. Socio-economic impacts of shrimp culture. Aquaculture Research, 28（10）: 815-827.

Raux, P., B. Denis and T. V. Nhuong. 2006. Vietnamese shrimp farming at a key point in its development : a review of issues examining whether development is being carried out in a sustainable way. *In*（Leung, P. and C. Engle, eds.）Shrimp Culture : Economics, Market, and Trade. pp. 107-129. Blackwell Publishing, Iowa.

Rivera-Ferre, M. G. 2009. Can export-oriented aquaculture in developing countries be sustainable and promote sustainable development? The shrimp case. Journal of Agricultural and Environmental Ethics, 22 : 301-321.

Stonich, S. C. and C. Bailey. 2000. Resisting the blue revolution : contending coalitions surronding industirial shrimp farming. Human Organization, 59（1）: 23-36.

WWF. 2006. WWF-Global Forest & Trade Network Forest Baseline Appraisal Report. WWF, Vietnam Forest & Trade Network,.

第12章
開発フロンティアにおけるRSPOパーム油認証
―― マレーシア・サラワク州を事例に

生方史数

　パーム油産業は近年急激に発展してきたが，原料であるアブラヤシ栽培の拡大による環境破壊や社会対立が問題視されている．パーム油の国際認証制度として2004年に設立されたRSPO（Roundtable on Sustainable Palm Oil）は，このような産業と環境・社会の対立を乗り越える役割を担っている．本章では，マレーシアにおける開発フロンティアであるサラワク州の企業とその周辺住民がRSPOをどのように受け止め実践してきたかを検討することで，資源管理認証制度がアブラヤシの生産現場に与える潜在的な効果と課題について考察した．その結果，このような自主的で市場ベースのサプライチェーン・ガバナンスがもたらす利点と欠点が浮き彫りになった．RSPO認証は「飛び地」においては高い潜在力を持っていると考えられるが，その外部には，サプライチェーンの川下からの垂直的な制御はおよびにくい．開発フロンティアのジレンマは，もっとも環境や社会への影響が懸念される地域であるにもかかわらず，認証制度を通じた面的な制御が現段階でむずかしいことにある．

12.1　パーム油の認証制度と生産現場

　パーム油は，西アフリカ原産のアブラヤシ（*Elaeis guineensis*）の果肉から採れる油のことである．この油は，食用油をはじめ，ショートニング，マーガリン，チョコレートなどの植物性油脂，洗剤や樹脂，化粧品の原料など食用・工業用を問わずさまざまな用途に使用されており，最近はバイオ燃料としての利用も期待されている．また，トウモロコシ，大豆，ナタネなどのほかの油料作物と比べても土地生産性が高く，コスト面で有利であることも

202　第12章　開発フロンティアにおけるRSPOパーム油認証

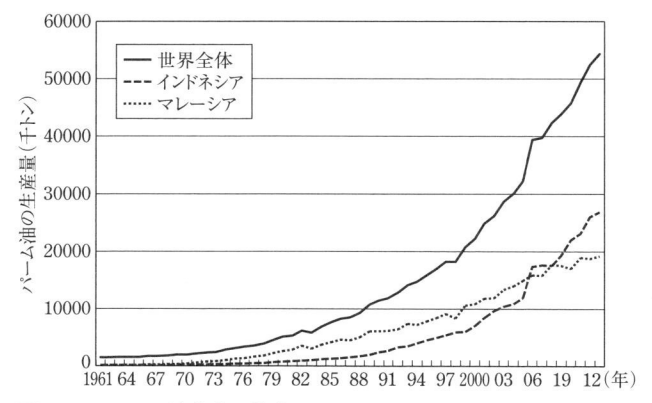

図 12.1　パーム油生産の推移（FAOSTAT 資料より作成）．

特徴的である（Teoh, 2010）．なお，種子からは，組成の異なるパーム核油が生産され，同様に幅広い用途に使われている．

　以上のような利点から，パーム油の生産量は近年著しく拡大してきた（図12.1）．背景としては，欧米における需要に加え，インド，中国などの新興国において需要が拡大していることがあげられる．なかでも1980年代以降のマレーシアとインドネシアにおける生産量の拡大は著しく，現在は2国で世界全体の約85％を占めるに至っている．両国の経済統計をもとに推計すると（DOS, 2013; Statistics Indonesia, 2014），サプライチェーンの川下の製油精製，油脂化学産業などを含めたパーム油産業の経済規模は，今や両国の輸出額の9-10％を占めるまでになっている．パーム油産業は，両国の基幹産業の1つというべき重要な輸出産業に発展したのである．

　一方で，このような急激な拡大の裏で，アブラヤシの栽培用地取得にともなう森林の開拓や現地住民との土地紛争など，パーム油産業は生産地で環境破壊や社会対立を引き起こすとして批判の対象となってきた（Colchester and Chao, 2011; Pye and Bhattacharya, 2013）．このような理由から，パーム油生産に対しては，生産国・消費国のNGOなどによって批判的なキャンペーンが行われている．

　持続可能なパーム油のための円卓会議（Roundtable on Sustainable Palm Oil; RSPO）において推進されているパーム油の認証制度は，ほかの多くの

資源管理認証制度と同様に，このような経済と環境・社会との間の対立から生まれてきた制度である．生産現場から消費地までのサプライチェーン全体を通して一定の社会・環境基準を満たすと認証された油を使用することで，いわば経済・環境・社会の「三方よし」の実現を目指しているといってよい．

もし RSPO が，その意図どおりの成果を達成できるのであれば，それはすばらしいことであろう．したがって，まず肝心な点は，本来の目的を今後達成しうるかどうかということである．そのためには，この制度が生産や流通の現場においてどのように運用されているのかを検討しなければならない．また，このような変革を地域の視点から見たときにどのように映るのか，それが地域社会の発展に望ましいものであるかどうかも，別途検証の必要があるといえるだろう．

前者においては，既存研究では RSPO の参加団体が「産業より」である点などの制度的問題点や基準における妥当性（Laurance et al., 2010)，参加の費用対効果（WWF et al., 2012)，あるいは参加ステークホルダー間のガバナンス（Paoli et al., 2010; Schouten et al., 2012）などに主眼が置かれてきた．また，後者の RSPO が生産現場である地域社会にもたらすインパクトに関しては，FPP and SW（2006）や Colchester and Chao（2013）などの批判的な報告があり，基準を守らない RSPO 認証企業が存在することや，RSPO の制度上，住民などの小規模なアクターにとって参加しにくいことなどが指摘されている．

しかし，これらの報告は，おもに RSPO の制度内のガバナンスや，すでに直接的・間接的にかかわりのあるステークホルダー間の関係に注目したものがほとんどである．これらの外にあるアクター，たとえば RSPO に関心のない住民や小規模生産者（smallholders），プランテーションが RSPO をどうとらえ，ふるまうか，また逆に RSPO に参加しているアクターが彼らをどうとらえ，ふるまうかを論じた報告は少ない．RSPO がパーム油産業を地域社会や環境と共存させる原動力となるためには，RSPO 認証制度自体の改善に加えて，このようなアクターへの波及が必要であることを考えれば，上記の視点は決定的に重要である．とくに，まだ豊富な自然を残しているが，現在急激にアブラヤシ開発が進んでいる開発フロンティアにおいては，開発がもたらす環境や社会への影響が懸念されるため，その重要性はさらに大き

い．

　よって本章では，マレーシアにおける開発フロンティアの１つであるサラワク州のある企業とその周辺住民の事例をもとに，地域社会を構成するさまざまなアクターが RSPO をどのように受け止め，実践してきたかを検討することで，資源管理認証制度がアブラヤシのような開発圧力が強い作物の生産現場に与える潜在的な効果と課題について考察したい．以下ではまず，RSPO の概要を設立の経緯と絡めて記述し，生産企業への普及状況とその傾向を，マレーシアの事例から検討する．そして，マレーシア・サラワク州の生産現場における RSPO のとらえられ方や実践を記述することで，現場での課題を考察する．なお，本章における現地の情報は，とくにことわりがない限り，2011 年 8-9 月，および 2012 年 6 月にサラワク州で行われたインタビューにもとづいている．

12.2　RSPO とマレーシアにおける認証油の普及状況

　RSPO は，パーム油の持続的な生産と流通を推進するための非営利団体である．世界自然保護基金（WWF）の呼びかけのもとで，マレーシア・パーム油協会（Malaysian Palm Oil Association; MPOA），ユニリーバ社，英国の油脂会社である AAK UK 社，スイスの小売業者であるミグロス社などの組織や企業が主導し，2004 年に設立された（WWF, 2013）．2015 年 6 月現在 78 カ国の 2262 団体（正・準・賛助会員を含む総数）が加盟しており，事務局はマレーシアのクアラルンプールにある（RSPO Homepage）．

　RSPO は，パーム油にかかわる 7 種のステークホルダー（アブラヤシ生産者，製油業・商社，消費財製造者，小売業者，環境 NGO，社会開発 NGO，銀行・投資家）によって構成され，これらの代表から構成される理事のもとで組織の運営がなされる．また，毎年総会が開催され，理事の改選や後述する原則や基準などの改定を含む，組織の方針に関する重要な決定が行われる．組織の目的としては，①持続可能なパーム油製品の生産・購買・融資・利用を促進する，②持続可能なパーム油のサプライチェーン全体にわたり信頼される国際標準の策定，実施，保証，および定期的見直しを行う，③市場での持続可能なパーム油の取引による経済・環境・社会への影響を見守り，評価

表 12.1 RSPO 認証 (2013) における原則と基準の抜粋 (RSPO Homepage より作成).

原則	基準 (抜粋, 一部改変)	基準数
1 透明性へのコミットメント	・認証に関連する環境・社会・法制面や管理情報における十分な情報開示.	3
2 適切な法規制の遵守	・地域・国内法および批准済みの国際法の遵守. ・土地利用権が証明され, 地域住民との慣習権を含む係争がない. FPIC*なしに, ほかの権利者の権利が失われていない.	3
3 長期の経済的・財政的実行可能性へのコミットメント	・長期の経済的実行可能性を達成するための経営計画の実行.	1
4 栽培者および搾油業者による適切な優良実践例の適用	・実施手続きの文書化・実行とモニタリング. ・土地の肥沃度や水資源の維持, 土壌浸食防止, 環境や健康を脅かさない農薬使用. ・従業員の健康や安全を守る計画の文書化と実行, 全従業員 (契約含む) と小農への研修.	8
5 環境への責任と天然資源や生物多様性の保全	・環境への影響の特定, 適切な対策の計画・実施・モニタリングと継続的改善. ・希少種や高い保全価値を持つ地域の特定と保全・回復. ・廃棄物の 3R の実施と社会・環境に配慮した処理. ・化石燃料の効率的使用, 火入れの回避, 温室効果ガスを含む汚染物質の排出抑制計画の策定・実施・モニタリング.	6
6 被雇用者や栽培者・搾油業者によって影響を受ける個人・コミュニティへの責任ある配慮	・社会への影響の参加型手法による特定, 適切な対策の計画・実施・モニタリングと継続的改善. ・地域住民やほかの関係者とのオープンで透明性の高い対話. ・苦情処理に関する合意され文書化されたシステムと実施. ・先住民, 地域住民やほかの関係者による意思表明を可能にする土地の権利喪失や補償に関する交渉の文書化. ・被雇用者 (契約含む) の雇用条件における最低基準の遵守と生活に十分な賃金の提供. ・児童労働, 強制労働, 人身売買, 差別の禁止, ハラスメント防止, 人権の尊重. ・小農や地域ビジネスに対する公平で透明性の高い扱い, 地域の持続的発展への貢献.	13
7 新植の際の責任ある開発	・包括的で参加型の独立した社会・環境アセスメントの事前実施. ・2005 年 11 月以降の原生林開発の禁止または 1 カ所以上の高い保全価値を持つ地域などの保全・回復の義務付け. ・地域住民に帰属する土地 (慣習権含む) における FPIC*なしの新植の禁止, 合意にもとづく補償の義務付けと, 彼らやほかの関係者の意思表明を可能にする交渉の文書化. ・火入れの禁止, 温室効果ガス排出削減への努力.	8

| 8　主要な活動域における継続的な改善へのコミットメント | ・定期的なモニタリングと活動の再調査による継続的な改善. | 1 |

＊：自由意思による，事前の，十分な情報にもとづく同意（Free, Prior, and Informed Consent）．

する，④政府，消費者を含むサプライチェーンを通じたすべてのステークホルダーと積極的にかかわる，という4つの使命を担っている．

　これらを実現するため，8つの原則と43の基準，そしてそれらを判定する指標やガイダンスをもとにパーム油の認証が行われている（表12.1）．認証油のシェアは，オランダ，フランス，ドイツなどの欧州各国の産業が国内に流通するパーム油に認証取得を義務付けたことなどもあって年々増加を続け，現在では世界に流通するパーム油の20％を占めるようになっている．

　このように，認証パーム油は開始後の10年間で着々と拡大普及の道をたどっている．では，生産地において認証を取得している理由はなにであろうか．ここでは，マレーシアのパーム油搾油工場を例に，RSPOの普及状況について検討してみよう．まず，どのような企業が認証を受けているかに着目すると，明らかに認証の寡占化が見て取れる．2014年5月時点でのRSPO認証取得済みのパーム油搾油工場116件のうち，搾油工場を複数所有するグループ企業による取得件数はなんと112件（97％）であり，うち10件以上取得している大手4グループ（FELDA，サイム・ダービー，IOI，KLクポン）で86件（74％）を占めている．

　もちろん，これらのグループ企業の搾油工場すべてが認証を取っているわけではない．では，グループ企業はどのように認証を受ける工場を選択しているのであろうか．表12.2はパーム油搾油工場におけるRSPOの普及状況を州別で示している．これを見ると，ジョホール州やセランゴール州など，早い段階で開発された半島部西側の州における認証済み工場の割合が比較的高い一方で，開発フロンティアである半島部東側（クランタン州やトレンガヌ州など）やボルネオ（サバ州，サラワク州）では低い傾向にあることがわかる．

　さらに，ここで表12.2の「小規模生産面積率」のデータに注目してみたい．じつは，ペナン州のような地理的・経済的に特殊な州を除けば，100エ

ーカー（40.46 ha）以下のアブラヤシ経営体（小規模生産者）の面積ベースでの割合を表す「小規模生産面積率」にもほぼこれと同様の傾向があることが読み取れる．アブラヤシは，収穫後ほぼ 1-2 日以内に工場で処理をしないと油が劣化してしまう性質があるため，搾油工場の立地はアブラヤシ栽培の立地とほぼ重なっている．また，このような理由から，連邦土地開発庁（FELDA）や連邦土地統合・再開発庁（FELCRA）といった政府機関の事業スキームを除けば，一般的にパーム油の搾油工場では自社の大規模なプランテーションから原料調達を行うことが前提となってきた．しかし，パーム油の搾油工場が増加するにつれて，アブラヤシの収益性に目をつけ工場周辺で小規模な栽培につぎつぎと参入する人々が現れており，古くからの栽培地

表 12.2 マレーシアにおける搾油工場と RSPO 認証済み搾油工場の州別分布（MPOB 資料，Official Portal of MPOB，RSPO Homepage のデータをもとに集計．工場のないプルリス州は除く）．

州	搾油工場数*	全体に占める割合(%)	RSPO 認証済み工場数**	全体に占める割合(%)	認証工場の割合(%)	小規模生産面積率(%)***
ジョホール	66	15.3	23	19.8	34.8	26.4
クダー	7	1.6	2	1.7	28.6	23.7
クランタン	10	2.3	0	0.0	0.0	2.1
ムラカ	3	0.7	2	1.7	66.7	16.3
ヌグリスンビラン	14	3.2	6	5.2	42.9	12.1
パハン	71	16.5	19	16.4	26.8	5.0
ペナン	2	0.5	0	0.0	0.0	57.7
ペラ	45	10.4	13	11.2	28.9	24.3
セランゴール	22	5.1	9	7.8	40.9	27.3
トレンガヌ	13	3.0	3	2.6	23.1	4.5
マレーシア半島部	253	58.7	77	66.4	30.4	16.7
サバ	127	29.5	32	27.6	25.2	11.0
サラワク	51	11.8	7	6.0	13.7	5.2
ボルネオ	178	41.3	39	33.6	21.9	8.8
マレーシア計	431	100.0	116	100.0	26.9	13.0

*：2010 年の MPOB によるディレクトリに登録されている工場数．
**：2014 年 5 月時点．
***：2009 年の値．

208　第12章　開発フロンティアにおけるRSPOパーム油認証

域では小規模生産面積率が徐々に増加している．このことは，マレーシア各州におけるアブラヤシ生産の面積率と小規模生産面積率との関係を示した図12.2からも見て取れる．なお，この傾向はインドネシアでも報告されており，広範に見られるようになっている（Cramb and Curry, 2012）．

以上のことからなにがわかるだろうか．まずいえるのは，認証の申請者の多くが大手グループ企業であり，認証を取得すべきかどうかを戦略的に選択しているということである．現在マレーシアのパーム油生産企業は，生産拠

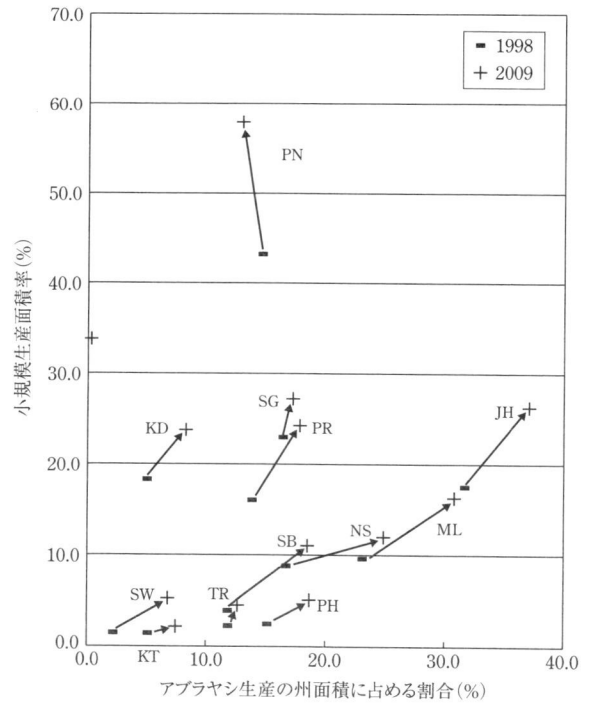

図12.2　マレーシア各州におけるアブラヤシ生産の面積率と小規模生産面積率（MPOB資料，Dept. of Statistics Malaysia 資料より作成）．プルリス州を除く．JH：ジョホール州，KD：クダー州，KT：クランタン州，ML：ムラカ州，NS：ヌグリスンビラン州，PH：パハン州，PN：ペナン州，PR：ペラ州，SB：サバ州，SG：セランゴール州，SW：サラワク州，TR：トレンガヌ州．

点をインドネシアや他国に移したり，企業合併を行ったりするなど，国際競争をにらんだ再編過程の只中にある．また，半島部の開発が古い地域では，すでにヤシの植え替えや搾油工場の設備更新の必要性が生じている企業もあるだろう．加えて，大手グループ企業は一般的に欧州市場との結びつきも強いので，目線の厳しい欧州の消費者への対応をしなければならない．企業はこのような状況を勘案し，新たな方向性を打ち出すために認証を導入する傾向があると考えられる．一方で，そのような必要性が低く，外延的拡大の余地がまだあり，生産を開始してまもない開発フロンティアでは，社会・制度・文化的な状況の違いや新興国中心のマーケティングも相まって，認証を申請する動機が低くなっていると考えられる．また，基準のなかに2005年以降の原生林の開発を禁じている項目があるため（表12.1の原則7），そもそもRSPOに申請する資格がない企業も多いかもしれない．

　以上のような推論が正しいとすると，上記のようなプランテーションの開発段階とパーム油認証導入の間には，なんらかの関連性がある可能性がある．ここでアブラヤシ開発がもたらす環境や社会への影響を考えるとき，RSPOのような認証制度が波及したときの効果が大きいのは，現在急激に開発が進む開発フロンティアである．この地域において，パーム油認証はどのようにとらえられ，実践されているのだろうか．以下ではサラワク州のA社の事例から検討してみたい．

12.3　現場での実践

(1)　A社の取り組み

　サラワク州にあるA社（会社名は匿名．生産に関連する情報はあいまいにしている）は，ある木材会社のグループに属している地元企業である．比較的規模の小さいアブラヤシ・プランテーション（約5000 ha）を1カ所保有し，プランテーション域内にある搾油工場で毎年5万トン弱のパーム原油を生産している．原料は，ほぼ5割を自社プランテーションから，4割を他社から調達しており，周辺に点在する小規模生産者からの調達は1割ほどと少ない．A社が現在のプランテーション用地の利用権を州政府から取得し

たのは1981年である．先住慣習地（州有地の土地区分の1つで，先住民の慣習権が認められている土地のこと）でないとされる州有地を100年間リースする契約であった．契約後ラタンなどを部分的に植えたりしていたが，1996年から2006年まで10年間かけてアブラヤシを植栽している．

　A社は2010年にRSPO認証を取得している．この試みは，サラワクではかなり先進的な取り組みである．外国出身の社長であるB氏がその重要性を認識したことが，申請のきっかけの1つであると考えられる．認証の取得に際して，会社はRSPO導入の責任者として，国内の別の大手パーム油生産企業で実績のあったC氏をリクルートした．認証を得るためには，生産過程や品質の管理，労働者の労働条件・安全対策や福祉，環境対策や周辺社会への貢献などの諸項目において，第三者機関による審査が行われる．そのための準備として，プランテーションの農法，労務，経営などにわたる膨大な基礎データを収集し，文書化しなければならない．そのうえで，優良だとされる事例を適用し，現場での実施・研修・会合を経て課題の克服を探り，監査・認証プロセスに臨む，というのが認証に向けた一般的なプロセスとなる．彼は着任後すぐ，2008年から申請に向けた準備を開始した．そして，上記のプロセスの後，大手認証機関D社のシンガポール支社による審査を経て，最終的に2010年に認証を取得することができた．

　このプロセスで行おうとしていることは，端的にいえば，その企業における生産プロセスそのものを見直し，RSPOの原則や基準に適合したやり方にしていくことである．しかし，このプロセスで重要なこととしてC氏が強調していたのは，ステークホルダーとの話し合いを重ねるという作業であった．彼によれば，認証において大きな課題となっているのは，表12.1の原則6にあるような，会社の周辺に住んでいる住民やコミュニティへの責任ある配慮に関連する「社会対策」の部分であるという．禁止されている農薬の使用をやめたり，適切な肥培管理をしたりといった技術的な部分に関しては，会社だけで対策をとることができるからだ．実際に，2010年の審査の際，D社による報告書でも，指摘された7項目の「小さな不適合（minor nonconformities）」のうちの4項目，13項目の「要観察（observation）」のうちの6項目が，原則6に関連するものになっている．

　申請プロセスにおいて改善したこととして，彼は具体的に以下の2点をあ

げた．1つはそのプランテーション用地の扱い方である．用地内に，プランテーションができる以前から居住する住民が焼畑などで慣習的に用いている土地（*temuda*）が150 haほど存在する．住民との会合を重ねるなかで，彼らにとって重要な土地であることが判明し，そのまま残すことになった．また，用地内を流れる小川の両岸や，用地の境界域などにバッファーゾーンを計300 haほど設け，二次林として残すことにした．もう1つは，労働者の待遇改善である．A社は，おもに管理業務などに従事するマレーシア人を30-40人，現場での労働力となるインドネシア人出稼ぎ労働者を約600人雇用している．申請プロセスでは，とくに後者に関して労働者用の住宅を整備するなど，就労条件・衛生安全面の待遇を改善した．

このように，RSPO認証の申請を準備するにあたって，企業はステークホルダーとの話し合いを通して周辺社会や従業員への配慮を真剣に考えるようになる．RSPO認証を取得する過程において，彼らとどう共存していくかが大きな課題として企業に認識されるようになったということは，1つの大きな成果といってもよいだろう．

しかし，先のC氏の発言にはもう1つの意味がある．それは，「社会対策」としてなにをすれば有効なのか，その決め手がないということである．たとえばA社では，そのような取り組みとして，周辺コミュニティへの支援を行っているが，その内容は以下の2つに大別される．1つめは，地域住民の慣習的な集住拠点であるロングハウス（1棟に多くの家族が住む長大な長屋）の設備や活動への金銭的なサポートである．これは単純でやりやすいため，多くの企業が行っている手法であるが，ともすると住民を買収していると批判されかねないやり方でもある．実際，周辺にある他社のプランテーションでは，自社の栽培地を拡大させる戦略をとっており，用地買収のために多額の補償金を住民に与えている．この点でA社の支援は，これらに比べれば金額として大きいものではない（加藤・祖田，2012）．

2つめは，アブラヤシの小規模生産者への支援である．A社はむしろこちらのやり方を重視している．この地域でも，アブラヤシ・プランテーションや搾油工場が増えるにつれて，周辺住民がアブラヤシを栽培し始めるようになってきたからである．表12.1にもあるとおり，周辺社会との共存や小規模生産者への支援はRSPO認証の原則と基準の項目に入っており，小規模

生産者のグループ認証などを通してRSPOが近年重点的に取り組んでいることでもある．そのため，A社は彼らの一部をグループとして組織し，アブラヤシ栽培の研修や，肥料助成スキームを実施している．この活動には，A社に近接するF村を中心に，5村54名が参加している．A社との緊密な連携のもとで，RSPOの原則にもとづいたアブラヤシを生産しA社に独占的に供給しており，活動がたびたび新聞や業界紙などで取り上げられている．

しかし，今後小規模生産者をどこまでA社の認証スキームに巻き込んでいくかという点に関しては，C氏は彼らを参加させることの重要性と活動の継続拡大を認めつつも，小規模経営の認証はマレーシア国内のパーム油産業を統括する政府機関であるマレーシア・パーム油評議会（Malaysian Palm Oil Board; MPOB）の業務であるとして消極的な返答に終始していた．その背景には，もちろんA社にとってこれらの生産者への原料依存度が低いということがあるだろう．しかし，それに加えて，サラワクの現地社会における以下に述べるような事情が存在するのである．

(2) 小規模生産者

上述したとおり，A社の周辺を囲んでいる住民たちの領域では，最近独立小規模経営によるアブラヤシ栽培が急増してきた．この地域では，これまで木材や非木材の林産物などの天然資源に依存してきた社会が，アブラヤシを生産する担い手へと大きく変貌を遂げつつあり，住民の生業ポートフォリオが大きく変容しているのである．これら小規模経営はどのように拡大したのであろうか．まず，A社周辺における小規模経営のパイオニアとして，E氏の事例をあげよう．

イバン族（マレーシア・ボルネオ島の先住民族の1つ）の出身である彼は，ロングハウスからは1997年に出て，現在はA社に近い地域に家族で一軒家に住んでいる．彼はアブラヤシを植える以前から，コショウなどの商品作物の栽培に取り組んできた，いわば商品作物栽培のパイオニア的存在である．アブラヤシ栽培は，2004年から焼畑跡地で開始した．その後，かつての焼畑用地を中心に徐々に面積を拡大していった．現在は，2人のインドネシア人を住み込みで雇いながら2800本（約19 ha）のアブラヤシを栽培している．

アブラヤシの栽培や販売には，MPOBからのライセンス取得が義務付け

12.3 現場での実践　　213

られているが，彼は栽培と販売のライセンスの双方を取得している．また，アブラヤシを植えるには，苗，肥料，農薬などの資材や雇用労賃などに，果房が得られるまでの約4年間で1haあたり約7000リンギット（約21万円）とかなりの初期投資が必要である．彼は，それをすべて自己資本で賄った．貯木場での雇用など，さまざまな就労機会からそれを蓄積したというが，彼の土地（5エーカー；約2ha）が1980年代より木材伐採企業の貯木場として使用されることになり，毎月地代（現在1000リンギット；約3万円）が入るようになったという幸運によるところも大きいと推測される．

栽培技術に関しては，1998年にプランテーションで運転手として勤務していたことがあり，そのとき栽培方法などを教わったという．これに加えて，彼はMPOBが主催する研修会にも参加し，栽培方法を学んでいる．そして，2009年からは近隣のプランテーションや小規模生産者のところで働いていたインドネシア人の労働者を雇うようになった．生産物である果房は，自分でトラックに積み工場に運搬し販売する．さらに，知人の果房を持っていく仲買人的な仕事も請け負うこともあるが，仲買人としてのビジネスを本格的に行うには至っていない．

彼はイバン族の地元住民として育ちながら，いち早く商品作物栽培を始め，集住拠点であるロングハウスから独立して住むなど，一般的な周辺住民とは異なる経歴を持つ企業家精神旺盛な人である．プランテーションでの雇用から栽培方法を学び，MPOBの研修会にも出席するなど，在来社会の外からもたらされる機会にも積極的に応じている．初期の小規模生産者は，彼のような一風変わった経歴を持つパイオニアたちが多かったと推測される．しかし，最近は彼らが成功しているのを見たロングハウスの住民が，栽培に参入してきている．

そのようなフォロワーたちの参入状況を表12.3にまとめる（世帯1はE氏）．彼らの社会経済的な特徴として，以下の点を指摘することができる．第1に，彼らは自由な意思決定により栽培に踏み切っており，販売先も自由に選択しているという意味で自律性の高い独立生産者である．第2に，参入に必要な生産要素のうち，資本，土地と労働力の大部分を自己調達しているが，世帯によってはインドネシア人を雇用していたりする．表12.3の例にはないが，都市で働いている家族を一時的に呼び寄せたり，都市との間を行

表 12.3 調査した小規模生産者の概要(現地調査, 2012 より作成).

世帯	1	2	3	4	5	6	7	8
民族	イバン	カヤン	カヤン	イバン	イバン	イバン	イバン	イバン
ロングハウス	離れた場所に居住	BR	JS	JM	RT	SL	MJ	AC
アブラヤシ植栽年	2004	2008	2008	2008	2011	2008	2003	2003
アブラヤシの植栽本数	2800	500	200	200	100	500	2700	2500
推定植栽面積（ha）	18.7	3.3	1.3	1.3	0.7	3.3	18.0	16.7
植栽前の土地利用	陸稲	水稲	伐採キャンプ	ゴム	二次林	二次林	陸稲	陸稲
恒常的な雇用労働	あり（インドネシア人）	なし	なし	なし	なし	なし	なし	あり（インドネシア人）
初期費用の調達	貯木場の地代と雇用	土地売却	伐採キャンプでの雇用	ゴム栽培の収益	年金	伐採キャンプでの雇用	伐採キャンプでの雇用	雑貨屋と換金作物栽培の収益
果房の販売方法	自分で工場に販売（他人に販売を頼まれることもある）	友人, 仲買人	仲買人	仲買人, 親戚	まだ販売なし	仲買人, 知人	A 社のトラックで A 社へ	自分のトラックで A 社へ
MPOB への登録	あり	なし	なし	あり	なし	なし	あり	あり
技術的な知識の獲得	アブラヤシ生産企業での労働経験から	友人から	知人から	n.a.	n.a.	n.a.	A 社から	n.a.

n.a. は情報なし. 推定植栽面積は, 1 ha あたり 150 本のアブラヤシが植えられているとして算出.

き来しながら生産を行ったりする者もいる（加藤・祖田, 2012）. また, 資本と労働は木材産業との関連が強く, アブラヤシ栽培が木材の後釜として位置付けられていることから, 住民の生業が資源の利用から大きく転換しつつあることがうかがえる. 栽培技術の取得に関しては情報が少ないが, 友人・知人から教えてもらっているという例が散見される.

第3に，MPOBからの生産や販売のライセンスを得ておらず，現時点ではインフォーマルな生産となっている生産者も散見される．そのような生産者は，果房の販売を，友人・知人や現地に在住し雑貨屋などを営んでいる華人に依存することが多い．また，A社の小規模生産者グループに属する世帯7と8を除けば，RSPOのことはほとんど知られていない．そして第4は，以上のような特徴があるとはいえ，表12.3の各項目には大きなばらつきが見られるという点である．これらの結果，生産コストや収益のばらつきも大きく，生産の標準化の程度が低いことが別稿で明らかになっている（Ubukata and Sadamichi, forthcoming）．

以上のような，小規模生産者が持つ自律性，柔軟性，インフォーマル性と多様性は，認証の申請という点から見ると大きな障害だと映るに違いない．これは，先述のC氏の発言に見られるような，「社会的には重要だが，本気でコストをかけてまで彼らを巻き込むのはむずかしい」という小規模生産者に対するアンビバレントな見方へとつながっている．そして，このような見方はほかのパーム油生産企業のスタッフやMPOBの職員などにも共有されている．

たとえば，ある会社（A社ではない）の社長は，小規模生産者は経営の継続性に問題があるため信頼できるパートナーとしては位置付けにくいと発言している（2012年6月のセミナーでの発言）．また，あるMPOB職員は，これらの生産者が認証で要求されるような基準をクリアすることがむずかしいことから，現状での認証制度への参加には現実性が乏しいとコメントしている（2012年9月のインタビューでの発言）．彼らの目から見れば，小規模生産者の世界は，プランテーションの世界とは対照的に読みにくく制御しにくいのである（Scott, 1998を参照）．

(3) 2つの世界とその秩序

しかし，小規模生産者の世界はほんとうに制御しにくい無秩序な世界なのだろうか．彼ら自身の目から見れば，じつはまったく逆に見えるかもしれない．商品作物栽培に従事する多くの農民は，価格変動によって生産物の価値が変動するのを制御しがたい無秩序な現象だと考えるかもしれないし，彼らからすればなぜRSPOに参加すべきで，参加したらなぜさまざまな活動を

文書化しなければならないのかを納得するのもむずかしいだろう．さらにいえば，彼らには彼らなりの意思決定の合理性や秩序がある．ただ，それらは企業や政府によって計画され組織化された垂直的な秩序ではなく，豊富な資源を利用する社会が変容するなかで立ち上がってきた，柔軟で動きのある複雑なものである．それらは自生的で変幻自在な水平的波及ネットワーク，いわば「フロンティア社会（世界）」（田中，2002；生方，2012）の論理そのものだともいえるかもしれない．

　天然資源が豊富であったサラワクやほかの東南アジア島嶼部地域では，プランテーションはかつて地域経済における近代部門の「飛び地」を形成していた（Boeke, 1953 を参照）．この近代的な「飛び地」は，周辺に広がる在来のネットワークからは孤立し，労働力も含めてほとんど関係を持たない存在であった．それゆえ，両者の関係は，唯一の関連要素ともいうべき土地をめぐる紛争のかたちをとることが多かった．20世紀初頭のゴム栽培に始まる住民による商品作物栽培は，このような2つの異なる世界をつなげる役割を担ってきたが，従来小規模栽培に向かないといわれていたアブラヤシも，小規模生産者の出現によって2つの異なる世界をつなぐようになったのである．マレーシア最後のフロンティアであるサラワク州では，企業によるアブラヤシ・プランテーションと独立小規模生産者という2つのタイプのアブラヤシ開発が現在並んで増加している（Cramb, 2011）．

　このような状況で，RSPOによるパーム油認証は現地におけるアブラヤシ開発にどのようなインパクトを与えるであろうか．RSPO認証のプロセスでは，産業の川下からのサプライチェーンによる垂直的統御が強まり，計画され組織化された，外部から見えやすく検証可能な秩序の形成が求められる．しかし，小規模生産者の世界はまったく異なる秩序が形成されているため，同様の手法にはなじみにくい．また，RSPOのような自主的な枠組みでは，認証にともなう追加的コストを負担したくない非認証企業，あるいは社会・環境に対して望ましくないコストをかける企業が市場から追い出されないという「逆選択」の問題も残る．中国やインドなど，非認証油が卓越する市場も拡大しているから，非認証企業が販売先に困ることもない．McCarthy *et al.*（2012）もインドネシアの事例から考察しているが，RSPOのような国際認証制度の欠点の1つは，それ自体のみでは本章で述べたような現場におけ

る生産のネットワークすべてに働きかけることがむずかしい点にあると考えられる．

　現状では，RSPO 認証は「飛び地」，すなわちプランテーションや搾油工場においては高い潜在力を持っている．しかし，この「飛び地」の外には，サプライチェーンの川下からの垂直的な制御はおよびにくい．A 社の周辺のプランテーションは RSPO 認証を受けておらず，周辺の小規模生産者も，A 社によって組織化されたグループ以外は RSPO とは無縁の世界にいる．RSPO に参加する魅力が著しく高まらない限り，フロンティアにいる彼らには退出オプションが多すぎるのである．

　したがって，今後ますます多くの企業，地域住民，その他外部者がこの地域で生産に従事するようになれば，少なくとも短期的には上述した 2 つの世界・秩序のギャップはさらに広がるだろう．これは，企業や小規模生産者が生産のやり方を変革するというコストのかかる作業を行うより，そこから逃げるという選択が簡単にとれる開発フロンティアの特徴ということもできるかもしれない（Christensen and Rabibhadana, 1994 を参照）．

　一方で，古くから開発され外延的拡大の余地がない半島部の州などでは，設備更新や植え替えの必要性という企業側の理由に加えて，小規模生産者の世界もネットワークの成長という点ではその結節点や全体像が定まってきており，価格や機会費用，収益性といった市場要因以外には退出オプションも少なくなっていると考えられる．その典型的な例は，タイの契約農業に見ることができる．タイではアブラヤシやパルプ材生産を含むほとんどの作物生産はプランテーションではなく小規模生産者によって担われており，企業は彼らのネットワークを最大限活かしつつ，サプライチェーンの川下からの制御をある程度機能させる仕組みを編み出してきた（パルプ産業に関しては，生方，2007 を参照）．

　そのような状況では，逆により多様なアクターが認証に参加する可能性は高まるであろう．単純に，まわりの企業が認証を取得しているという理由が，企業をさらに認証取得へと駆り立てるということもあるかもしれない．開発フロンティアのジレンマは，そのような段階にまで開発される前に制度を普及させる必要が生じていることにある．

12.4 2つの世界とRSPO認証

　本章では，マレーシア，とくに開発フロンティアであるサラワク州におけるRSPOパーム油認証が現地社会を構成するアクターによってどのようにとらえられ，実践されているのかを検討した．その結果，このような自主的で市場ベースのサプライチェーン・ガバナンスの枠組みがもたらす利点と欠点が浮き彫りになった．RSPO認証は，「飛び地」においては，さらなる検証が必要であるとはいえ，高い潜在力を持っていると考えられる．しかし，「飛び地」の外には，サプライチェーンの川下からの垂直的な制御はおよびにくい．それはまるで，制御できないアブラヤシの海に制御された島が浮かんでいるという比喩がふさわしいかもしれない．

　ともあれ，今後ますます多くの企業，地域住民，その他外部者がこの地域で生産に従事するようになれば，短期的には上述した2つの世界・秩序のギャップはさらに広がるかもしれない．しかし，中長期的にはこのようなギャップに折り合いがつく方向に向かう可能性もある．その1つの可能性は，両者における「翻訳者」の存在である．企業におけるC氏のようなRSPO担当者が，E氏のようなパイオニア農家や仲買人たちとつながり，ネットワークの結節点となって機能する可能性もある．また，もう一方で政府の役割も重要であると考えられる．すべての生産者を包括する最低限の基準や支援措置を定め，それを徐々に厳しくしていくことで，退出オプションの幅を狭めていける可能性が生じるからだ．その意味では，近年RSPOが小規模生産者の認証スキームへの支援を強めていることや，インドネシア政府が2011年にすべての業者を包括する認証制度（Indonesian Sustainable Palm Oil System；ISPO）を発足させたこと，続いてマレーシア政府も2015年に独自の認証制度（Malaysian Sustainable Palm Oil；MSPO）を立ち上げたことなどは，重要な動きだといえる．

　しかし，もっとも重要なカギは，RSPOとその認証制度が多様なアクターが参加しやすい魅力のある仕組みになりうるか，あるいは依然増え続けている非認証パーム油の需要を抑制し，さらなる乱開発に歯止めをかけることができるかということにある．そのためには，消費者である私たちが現地の人々と問題を共有し，おたがいの意見を尊重しあいながら，粘り強く解決策

を考えていくという姿勢も問われているということを忘れてはならない．

引用文献

Boeke, J. H. 1953. Economics and Economic Policy of Dual Societies. Tjeenk Willnik, Harlem.

Christensen, S. R. and A. Rabibhadana. 1994. Exit, voice, and the depletion of open access resources : the political bases of property rights in Thailand. Law and Society Review, 28（3）: 639-656.

Colchester, M. and S. Chao eds. 2011. Oil Palm Expansion in Southeast Asia : Trends and Implications for Local Communities and Indigenous Peoples. Forest Peoples Programme and Sawit Watch, Moreton-in-Marsh and Bogor.

Colchester, M. and S. Chao eds. 2013. Conflict or Consent? The Oil Palm Sector at a Crossroads. Forest Peoples Programme, Sawit Watch and TUK Indonesia, Moreton-in-Marsh, Bogor and Jakarta.

Cramb, R. A. 2011. Reinventing dualism : policy narratives and modes of oil palm expansion in Sarawak, Malaysia. Journal of Development Studies, 47（2）: 274-293.

Cramb, R. A. and G. N. Curry. 2012. Oil palm and rural livelihoods in the Asia-Pacific region : an overview. Asia Pacific Viewpoint, 53 : 223-239.

Department of Statistics, Malaysia（DOS）. 2013. Monthly External Trade Statistics, December 2013. Department of Statistics, Malaysia Homepage. http://www.statistics.gov.my/portal/index.php?option=com_content&view=article&id=2248&Itemid=111&lang=en（2014年7月9日閲覧）

Forest Peoples Programme（FPP）and Sawit Watch（SW）. 2006. Ghosts on Our Own Land : Indonesian Oil Palm Smallholders and the Roundtable on Sustainable Palm Oil. Forest Peoples Programme and Sawit Watch, Moreton-in-Marsh and Bogor.

加藤裕美・祖田亮次．2012．マレーシア・サラワク州における小農アブラヤシ栽培の動向．地理学論集，7（2）: 26-35．

Laurance, W. F., L. P. Koh, R. Butter, N. S. Sodhi, C. J. Bradshaw, J. D. Neidel, H. Consunji and J. M. Vega. 2010. Improving the performance of the Roundtable on Sustainable Palm Oil for nature conservation. Conservation Biology, 24（2）: 377-381.

McCarthy, J. F., P. Gillespie and Z. Zen. 2012. Swimming upstream : local Indonesian production networks in "Globalized" palm oil production. World Development, 40（3）: 555-569.

Paoli, G. D., B. Yaap, P. L. Wells and A. Sileuw. 2010. CSR, oil palm and the RSPO : translating boardroom philosophy into conservation action on the ground. Tropical Conservation Science, 3（4）: 438-446.

Pye, O. and J. Bhattacharya eds. 2013. The Palm Oil Controversy in Southeast Asia : A Transnational Perspective. Institute of Southeast Asian Studies,

Singapore.
Roundtable on Sustainable Palm Oil (RSPO) Homepage. http://www.rspo.org/（2014 年 7 月 9 日閲覧）
Schouten, G., P. Leroy and P. Glasbergen. 2012. On the deliberative capacity of private multi-stakeholder governance : the Roundtables on Responsible Soy and Sustainable Palm Oil. Ecological Economics, 83 : 42-50.
Scott, J. C. 1998. Seeing Like a State : How Certain Schemes to Improve the Human Condition Have Failed. Yale University Press, New Haven and London.
Statistics Indonesia. 2014. Statistics Indonesia Homepage. http://www.bps.go.id/eng/hasil_publikasi/SI_2014/index3.php?pub=Statistik%20Indonesia%202014（2014 年 7 月 9 日閲覧）
田中耕司．2002．フロンティア世界としての東南アジア——カリマンタンをモデルに．（坪内良博，編：地域形成の論理）pp. 55-83．京都大学学術出版会，京都．
Teoh, C. H. 2010. Key Sustainability Issues in the Palm Oil Sector. A Discussion Paper for Multi-Stakeholders Consultations. The World Bank, Washington D. C.
生方史数．2007．プランテーションと農家林業の狭間で——タイにおけるパルプ産業のジレンマ．アジア研究，53（2）：60-75．
生方史数．2012．熱帯アジアの森林管理制度と技術——現地化と普遍化の視点から．（杉原薫・脇村孝平・藤田幸一・田辺明生，編：歴史のなかの熱帯生存圏——温帯パラダイムを超えて）pp. 333-358．京都大学学術出版会，京都．
Ubukata, F. and Y. Sadamichi. forthcoming. Cash flows and greenhouse gas emissions of oil palm production in Sarawak, Malaysia : comparison between estate and smallholding. In（Ishikawa, N. and R. Soda, eds.）Planted Forests in Equatorial Southeast Asia : Human-nature Interactions in High Biomass Society. Springer（in press）.
WWF. 2013．持続可能なパーム油の調達と RSPO．http://www.wwf.or.jp/activities/upfiles/WWF_RSPO_20130807.pdf（2014 年 6 月 2 日閲覧）
WWF, FMO and CDC. 2012. Profitability and Sustainability of Palm Oil Production : Analysis of Incremental Financial Costs and Benefits of RSPO Compliance. WWF, Washington, D. C.

終章
生産現場から考える資源管理認証
―― 地域づくりのプラットフォーム

大元鈴子・佐藤 哲・内藤大輔

　持続可能な資源利用の実現は，生産者による長期的な資源管理によって，生産活動の拠点となる地域全体へと波及する便益（潤い）にかかっているといえる．その意味で，資源管理と地域づくりには密接な関係がある．国際資源管理認証は，人々のつながりをつくりだすプラットフォームを提供し，科学知識と生産者の知識の融合を促し，ローカルとグローバルをつなぐことを通じて，地域づくりに多面的な役割を果たす．資源の適切な管理と最大限の利用を前提にして構築された資源管理認証は，さまざまなステークホルダーが協働できる場をつくりだすことができる．この点が資源管理に関する規制や法律と大きく異なる資源管理認証の機能である．本章では，国際資源管理認証だからこそ可能となる地域づくりへの貢献の要素を，本書に登場したさまざまな事例から抽出し，地域づくりにかかわる資源管理認証の可能性と課題を議論する．

1　生産現場の視点

(1)　ステークホルダーにとっての国際資源管理認証

　本書は，国際資源管理認証制度（以下，資源管理認証）に関する議論の基盤を，消費サイド（消費者や企業）から，生産者の視点へと転換することにより，資源管理認証の活用に必要なさまざまな要素を明らかにすることを目指してきた．それは，資源管理認証を通じた持続可能な資源利用が，生産者の現実的な選択肢となり，生活の維持と福利の向上にどのように貢献しうるかを検討することでもあった．そのため，第Ⅱ部から第Ⅳ部の各章は，さま

ざまな立場の生産者や生産現場にかかわる人々の視点で語られている．ここでは，まず本書に登場した資源利用の現場で日々生活する生産者やステークホルダーが，資源管理認証をどのように活用し，また影響を受けたかをまとめ，その後の議論の土台としたい．

第Ⅱ部「地域づくりと資源管理認証」では，認証の取得あるいは経済的な利潤を一義的な目的とするのではなく，地域産業の価値を最大限に利用し，産業の存続と発展を図るためのツールとして，資源管理認証を活用している事例を紹介している．まず，日本の中山間地域における森林の管理と利用は，細分化された所有権やさまざまな社会状況により停滞しているが，FSC グループ認証が一役買って長期的な施業管理を可能にした例が，第3章で紹介された．林業という歴史ある産業において，地域に深くかかわるベンチャー企業が，森林組合と村役場という地元ステークホルダーと協働し，個人に帰属する所有権はそのままに一括管理することで，継続的な認証材の供給を可能にしてきたプロセスを紹介している．一方，第4章では，大津波という自然環境の激変を契機にして豊かな海を取り戻すための取り組みを実践している生産者の姿を報告している．そこでは ASC 認証は，適切な養殖密度のガイドラインとして活用されることが期待されている．このように地域や資源の特性に沿った資源管理認証の活用は，関係者の慎重かつ斬新な選択が支えている．その選択の基盤となるのが，第5章で紹介されたような綿密な検討である．Ｉターンで離島に移住し，漁協職員となった筆者は，MSC 認証を検討する過程で，漁師の事情や地域の課題をより明確に把握し，「認証を取得しない」というあまり語られることのない選択に至る経緯と理由を語っている．また，生産現場から見た認証制度の活用のしにくさも指摘している．このような生産者の視点からの制度の検証を明確に示す例として，第6章では世界自然遺産という，より自然保護に重点を置く国際的な制度の登録地内で操業する漁業者の取り組みについて，規制対象から「世界標準」へ移行する過程が描かれている．

(2) 国際資源管理認証にかかわる人々のネットワーク

第Ⅲ部「資源管理認証のトランスレーター」では，資源管理認証の導入が生産者，消費者，行政，NGO，研究者などの多様なステークホルダーのネ

ットワークを構築・強化している事例を紹介している．まず第7章は，漁業者と研究者が長年にわたって行ってきた資源回復の取り組みが，アジア初のMSC認証の取得というかたちで評価された事例である．そこでは資源管理認証への取り組みが，同じ資源を対象とするほかの漁業者による資源回復への協力を後押ししてきたこと，さらには漁業者と研究者との信頼関係も強化されていることが明らかになった．国際的な資源管理における重要なステークホルダーとして，NGOの役割が近年さらに注目されている．第8章は，生産現場の状況をよく知る環境NGOが，認証基準に照らして企業による伐採の改善を求めてきた事例を紹介している．重要な点は，企業への批判だけでなく，認証基準と審査の不備も指摘していることである．ひとくちに生産者といっても，その生産規模はさまざまで，資源によってはその多くが小規模生産者である．たとえば，世界の4割のパーム油が小規模生産者による生産である．第9章では，消費財メーカーが，資源管理認証を通じて，持続可能な生産者，とくに小規模生産者を支援する理由について分析している．RSPO認証は，企業の小規模生産者へのアプローチを橋渡しする役割を果たしており，その際にはグループ認証や基金を通した支援の仕組みが構築され，活用されている．

(3) 生活現場の国際資源管理認証

第Ⅳ部「生活・生産の場に出現する資源管理認証」では，東南アジア，とくにマレーシアとベトナムの生活／生産の現場における，資源管理認証の取得がもたらしたさまざまな影響を紹介している．日本国内の事例とは異なる点として，生産と消費の現場が非常に離れていること，また，生産者や生産現場に暮らす人々への情報の伝達手段が限られていることがあげられる．そのため，資源管理認証の意味や役割が十分伝わらないままに導入され，新たなコンフリクトにつながることが観察されている．

第10章では，突如生活の現場に現れたFSC認証林によって，地域住民が利用してきた生活圏の一部である森林が，施業区として囲い込まれてしまった結果，慣習的な森林利用が阻害されてしまった事例について議論している．東南アジアでは，ステークホルダーが資源管理に関する議論に参加するための条件が整っていないことがあり，一部のアクターの意図のみが反映されて

しまう場合が多いが，資源管理認証がうまく機能すれば，地域のアクターを結びつけ，生活と生計の向上につながりうることも指摘されている．たとえば第11章で紹介されたベトナムでの伝統的エビ養殖は，有機認証の取得を通じて地域の養殖農家の実践が世界市場とつながった事例であるが，認証がマングローブを保全する養殖方法の価値を評価し発信するのに役立つ一方で，生産者への情報に滞りが生じていることが指摘されている．第12章では，マレーシア，サラワクにおけるアブラヤシ小規模生産者にとって，認証によるサプライチェーン制御が，どのような意味を持つかについて議論している．先進国のロジックでは無秩序とされる彼らの生産活動にも，彼ら自身の合理性がある．資源管理認証が果たしうる役割を示す一方で，資源管理認証を活用しようとするさまざまな主体が，生産者と生産現場の実態を把握することの重要性を指摘している．

2 国際資源管理認証がつなぐ人々

(1) 多様なつながりの創出

　地域社会で林業や水産業に従事する生産者にとって，国際資源管理認証の一義的機能は，資源の持続可能性を高め，環境負荷を低減して，将来にわたって生産活動の安定性を保証することにある．しかし，国際資源管理認証には，それ以外にもさまざまな機能があることは，第1章で見てきたとおりである．とくに，生産活動とかかわりが薄い地域のステークホルダーや，地域との直接的なつながりの少ない広域的なアクターが，国際資源管理認証を通じて生産者と新たなつながりを構築できることは，生産者にとっても，また生産者との新たなつながりを獲得する多様なアクターにとっても，大きな意義を持つ．多様なつながりが創出されることによって，新しい視点や発想が生まれ，持続可能な地域づくりに資するさまざまな知識技術が地域環境知（第2章）に取り込まれ，活用される機会が生まれるからである．

　京都府機船底曳網漁業連合会によるアジア初のMSC認証（第7章）を通じて，消費者が持続可能な漁業に消費行動を通じて参加するチャンネルが提供されただけでなく，生産者が，流通加工・小売業者などとも強固なつなが

りを構築することができた．第3章で見てきた岡山県西粟倉村の「100年の森林構想」においては，昔からの里山としての森林利用の歴史を基盤に，FSC認証にもとづく行政・林業組合・企業のつながりが強化され，マイクロファイナンスという仕組みを通じた都市住民とのつながりが構築されている．これによって，地域内外の多様なステークホルダーと森林所有者との協働のプラットフォームが構築され，持続可能な地域づくりに向けたダイナミックな相互作用が始まっている．

持続可能なパーム油生産を促す認証制度であるRSPOの場合，原材料にパーム油を使用する製造企業や，多様な製品の流通販売にかかわる企業が，RSPOに参加することを通じて生産者との関係を変容させつつあることが興味深い（第9章）．企業がサプライチェーンの最上流に位置する生産者に対する配慮を強化することが，持続可能な生産活動に新たな価値を付与する可能性がある．生産者への配慮と支援は同時に，企業にとっても原材料の将来にわたる安定供給を保証するためにたいへん重要である．世界のパーム油の約4割は小規模生産者によって生産されているが，小規模生産者のRSPOへの参加が少ないことが課題とされている．その克服に向けて，RSPO自体による小規模生産者の認証取得支援，さらにはRSPOを活用した先進企業による小規模生産者支援の活動も始まっている．マレーシア・サラワク州のパーム油生産（第12章）においては，大手事業者によるRSPO認証の導入が進むなかで，周辺住民との共存を真剣に検討する傾向が強まっている．周辺の地域社会や労働者と共存していくことが，企業の大きな課題として認識されるようになったことは大きな成果だろう．しかし，具体的にどのようにして小規模生産者を含む周辺住民との多様なつながりと，効果的な共存関係を構築していくか，その道筋にはまだまだ多くの課題が残されている．

(2) 研究者と生産者の相互作用

国際資源管理認証がもたらす多様な地域内外のアクターとのつながりのなかで，持続可能な資源管理と地域づくりのためにとくに重要な役割を果たすのが，生産者と地域内外の科学者・専門家の協働である．地域環境知の重要な要素の1つである科学的な予測や因果関係の記述は，科学者・専門家がもっとも得意とする知識生産の領域である．第7章で扱った京都府機船底曳網

漁業連合会の MSC 認証取得の事例では，地域に深くかかわる京都府農林水産技術センター海洋センターのレジデント型研究者（第 2 章）などが，漁業者と協働して長年にわたって進めてきたズワイガニ資源管理の取り組みが成功をおさめ，それが認証取得の基盤となった．そして，この研究者と生産者のつながりが，認証取得に向けた取り組みと，認証取得後のさまざまな課題に対する対応のなかでさらに強化されてきた．とくに研究者が，学生や一般市民を対象とした講義やセミナーなどを通じて，MSC 認証を取得することの意義と漁業者の先進的な取り組みについて，漁業現場の苦労まで含めて広く発信してきたことが，生産者と研究者の信頼にもとづいた協働を促してきた．

異なる文化的背景と世界観を持つ地域の生産者と科学者の協働は，必ずしも容易なことではない．国際資源管理認証は，そのためのプラットフォームを提供する役割も果たす．ASC が 2015 年に策定したブリ・スギ類の認証基準の検討プロセス（第 4 章）では，WWF ジャパンが中心となって，生産者，飼料業者，流通販売企業などの直接のステークホルダーと，研究者，認証機関，行政機関などが協働して認証基準にかかわる議論が進められ，それが研究者と生産者の相互作用と相互学習のプラットフォームとして機能してきた．国際資源管理認証とは異なる仕組みとして第 6 章で紹介した知床世界自然遺産の登録プロセスでは，知床世界自然遺産候補地科学委員会（科学委員会）の多様な科学者・専門家と地域の漁業者との密接なつながりが構築され，地域に継続的にかかわり続ける科学者ネットワークができている．地域の生産者との信頼を基盤として，長期的に地域の課題にかかわり続ける科学者・専門家のネットワークは，国際資源管理認証を生産者が使いこなすための知識基盤の構築につながり，ダイナミックに変化する資源状態や市場環境に対する順応的な対応を可能にしている．

(3) ローカルとグローバルをつなぐ

グローバルな仕組みである国際資源管理認証は，生産者が地域社会の枠を超えて，広域的なアクターとのつながりを構築するために，貴重なチャンネルとなる．そもそも国際的な影響力を持つ認証を取得すること自体が，地域の生産者が国際資源管理認証の運営主体だけではなく，その活動をサポート

する国際機関，国際 NGO，各国の行政機関などとのつながりを構築することにつながる．しかも，その際には地域の生産者は制度を受け入れ，活用するだけの受け身の存在ではなく，第 2 章で指摘したように，認証制度の有効性を左右する主導的なアクターとしての役割を果たす．ASC におけるブリ・スギ類の認証基準（第 4 章）は，日本発の国際基準となったが，世界のブリ・スギ類の養殖生産の 9 割を占める日本の生産者の主体的な参加がなければ，そもそもこの認証基準が意味を持つことはなかっただろう．また，第 6 章の知床世界自然遺産の事例では，世界自然遺産という国際的な価値が付与されたことによって，多様な国際的ステークホルダーの知床に対する関心が高まり，それが功罪さまざまな影響を地域社会にもたらしている．国際資源管理認証を生産者が活用するプロセスは，グローバルな仕組みが地域に流入すると同時に，地域の実践が国際的な仕組みにさまざまなかたちで反映され，それが再び地域に影響を与えるという双方向的な相互作用をともなっている．

3 地域を動かすトランスレーション

(1) グローバルな価値を使いこなす

第 2 章で見てきたように，国際資源管理認証のようなグローバルな枠組みを地域の生産者などのステークホルダーが使いこなすためには，知識の双方向トランスレーターの働きが決定的に重要である．岡山県西粟倉村（第 3 章）の場合は，地域の行政機関である村役場が，専業農家として稲作，酪農，林業の複合経営を実践してきた村長のリーダーシップのもとで，森林管理の意義を生活実感に沿ったかたちに翻訳して森林所有者に伝えてきたことが，FSC 認証の活用を促した．また，村に定住する外部者としての株式会社トビムシが，人々との信頼を基礎としたトランスレーター機能を担ってきたことも，見逃すことはできない．知床世界自然遺産の登録プロセス（第 6 章）では，科学委員会が科学的な基準を地域の現実のなかで実現可能なかたちにトランスレートする役割を担った．海域の保護強化を求める IUCN からの要請に対して，漁業者の自主管理を基本とする日本の資源管理システムの特徴を活かして，漁業者自身が実践してきた産卵場保護のための自主的季節禁

漁区の仕組みをさらに強化するという対応を実現したのである.

一方で,第5章の海士町では,漁協職員である筆者が中心となって,MSC認証によって高品質の生産物と持続可能な漁業実践に対する評価を得ることを目指して,サザエ漁業の認証取得を検討したが,認証を取得しないという判断に至った.この場合には,漁協という地域のトランスレーターは,国際的な仕組みの地域に対する価値を評価し,その有効性を判断するゲートキーパーとしての役割を果たしている.第10章が扱ったマレーシア・サバ州におけるFSC認証の導入は,国際的な森林管理プロジェクトが主導して,地域住民との十分な協議なしに,トップダウンのかたちで実施されてきた.その結果,従来の村人の生活圏に,森林管理のための新たな施業区が設定されるといったコンフリクトが発生している.資源管理と人々の生活のトレードオフを解消するために,生活者の視点に立った知識のトランスレーションが必要であることを,はっきりと示す事例である.

(2) 地域の実践の価値を可視化する

知識の双方向トランスレーターのもう1つの重要な機能は,地域で実践されている独創的な資源管理の価値を,資源管理認証の仕組みなどを活用して国際的に発信することである.第4章の南三陸町のマガキ養殖では,生産者自身の努力によって,養殖施設数を震災前の3分の1に削減し,海洋環境への負荷を大きく低減させてきた.ASC認証を目指す機運が高まるなかで,このような生産者の努力の価値が,ASC認証を通じて国際的なステークホルダーに伝わり,広域的に可視化されていくことへの期待が高まっている.ベトナムにおける有機エビ認証の事例(第11章)では,認証制度自体が,在来の粗放的エビ養殖が持つ有機水産物としての価値を発掘・可視化し,国際的に発信するトランスレーターとして機能している.

岡山県西粟倉村のトランスレーターである株式会社トビムシ(第3章)は,マイクロファイナンスを用いて都市住民に向けた地域の実践の発信を行ってきた.これによって村やトビムシの取り組みを支援する人々のネットワークを創出してきたのである.また,「西粟倉・森の学校」による独自商品開発を通じた林産物の地域流通システム構築の試みは国際的な注目を集め,FSC認証を活かした森林管理の仕組みがラオスとの交流を生み出している.知床

世界自然遺産の登録プロセス（第6章）では，地域の漁業者の資源管理の実践の価値が，地域に深くかかわってきた科学者によって，科学的な根拠をともなって国際的に発信され，地域のステークホルダーによる自主的な管理を重視する「知床方式（Shiretoko Approach）」として，新たな世界標準となりつつある．このような双方向トランスレーターによる地域の価値の広域的な発信と可視化は，地域の生産者が自らの実践の価値を再確認し，誇りと愛着をもって継続的な取り組みを進めるために，大きなインセンティブとなりうるものである．

(3) 重層的トランスレーションと認証制度

認証制度が生産者をはじめとする地域のステークホルダーによって効果的に活用されるためには，多様な立場・視点を持つトランスレーターが重層的に活動することが重要であることは，第2章で指摘してきた．たとえば第4章のASCの認証基準は，養殖対象種ごとにその特性を反映してつくられることが特徴である．その際には生産者，科学者，環境NGOなどからなる運営会議と，水産養殖管理検討会（Aquaculture Dialogue）と呼ばれる，養殖基準と環境に関心のある人であればだれでも参加できるオープンな会議が連携して，さまざまな関係者の協力と合意のもとに基準を作成する．多様な人々が参加して，それぞれの立場からASCの原則を解釈し，重層的なトランスレーションを通じて，合意可能な審査基準をつくりあげていく仕組みである．第6章の世界自然遺産の場合には，ユネスコ，各国政府，自治体，地域のステークホルダーは，それぞれ異なる思惑を持っている．ここでも，このような重層構造に対応するために，多様なトランスレーターがそれぞれの立場から異なる立場のステークホルダーどうしをつなぐ仕組みが必要である．さらに第9章では，パーム油生産を促す認証制度であるRSPOを有効に活用し，RSPO認証パーム油を普及するために，企業の参加を仲介する環境経営コンサルタントが果たす役割も重要であることが明らかになった．企業の意思決定者が持続可能なパーム油を利用することの意義と効果を納得するための支援，持続可能なパーム油調達のための組織基盤の構築，製品開発やブランディングなどの支援を行うことが，コンサルタントに求められるトランスレーターとしての機能である．

ベトナムにおける養殖エビの有機認証の事例（第11章）では，エビ養殖農家からエビを買い付ける仲買人が，認証制度にかかわる多様な情報を生産者に伝える唯一のチャンネルであった．その結果，あらゆる情報が仲買人に集中し，そこで発生するさまざまなバイアスによって，認証制度にかかわる知識のトランスレーションが有効に働かず，認証制度が活用されないという状況が発生している．開発途上国の遠隔地などでは，知識が特定の立場と利害を持つ少数のトランスレーターに集中して流通するという状況が発生しやすい．多様な立場のトランスレーターによる重層的なトランスレーションを実現し，地域内外の多様なステークホルダーと生産者のつながりを構築していくことが，このような課題の克服へのいとぐちとなるだろう．第12章のマレーシア・サラワク州のパーム油生産の事例に見られるように，地域の社会生態系システムは，グローバリゼーションの流れのなかでダイナミックに変容している．RSPOのような国際資源管理認証が地域社会に導入されることも，社会生態系システムの変化を引き起こす要因の1つである．地域の人々の複雑な生業構造や地域社会の成り立ちが大きく変化していくなかで，パームオイル生産を核として，小規模生産者を含む地域の複雑な社会生態系システムを効果的に管理していくために，認証制度にかかわる知識の重層的トランスレーションは，重要性を増していくことだろう．RSPOなどの国際資源管理認証を推進する国または国際機関や，企業の認証担当者などの広域的トランスレーターが，パイオニア生産者や仲買人，レジデント型研究者などのローカルレベルのトランスレーターと有機的に接合し，ネットワークの結節点となって機能する可能性に期待したい．

4 地域づくりのプラットフォームとしての国際資源管理認証

　持続可能な資源利用の実現は，生産者による長期的な資源管理によって生産活動の拠点となる地域全体へと波及する便益（潤い）にかかっているといえる．本書に登場する「百年の森林構想」（第3章）や他県漁業を巻き込んだ資源管理（第7章）が示すように，資源管理認証は，その実現のための1つの選択肢として，生産者にも積極的に活用されるようになってきた．資源管理認証が，規制や利用制限などの従来の資源管理と大きく異なるのは，資

源管理認証が資源の最大限の利用を前提に構築された仕組みであるということである．それゆえに，資源利用によって利益を受ける多様なステークホルダーの協働が可能になりやすい．環境NGOによる復興支援（第4章）や，持続可能な企業活動をサポートするコンサルティング会社の存在（第9章）などは，まさに資源管理認証を活用した，資源の最大限かつ持続可能な利用を目指すステークホルダーのマッチング活動である．

　日々資源と向き合う生産者と地域社会は，資源状態の変化へのタイムリーな対応と，同じ資源を利用するほかの生産者との対話が必要になることがある．法律や規制のように制定・施行に多大な時間を費やす対策は現実的ではないし，利害対立のなかで長期にわたって平行線をたどる議論は不毛である．資源管理認証は，その審査の過程で，ステークホルダー間の対話を創発させ，「物事が動かないリスク」つまり，資源管理が進まずに状況が悪化し続けることを防ぐことにも役立つ場合がある（第4章，第7章）．資源管理認証はこのような協働のためのプラットフォームを提供することを通じて，地域から国際レベルまでの多様な場面で，多くのステークホルダーの対話を可能にする．

　地域づくりとは，資源を利用した生産活動を持続可能なかたちに転換することを通じて，地域の発展と人々の福利の向上を目指す取り組みである．それはけっして，特定の資源の持続可能性だけの追求ではない．資源の持続可能な利用を基盤として，地域づくりを実現している事例の共通点は，資源管理や環境保全にかかる物的・人的・費用的負担をコストととらえずに，地域を支える基盤への投資の機会ととらえているところにあるのではないか．それには，生業として資源を利用する生産者のみならず，資源とそれを支える生態系や自然環境の多面的機能を評価し，活用するさまざまなステークホルダーの参加が必要となる．そのなかには，新たな価値基準や視点を地域に持ち込む外部者も含まれる．資源管理認証がつくりだす人々のつながりを通じて，地域づくりのための情報やアイディアが発信されることは，志を同じくする人々とのダイレクトなコミュニケーションを可能にする．

　資源管理認証は，資源の持続可能な利用に関する多くの取り組みや制度の選択肢の1つであり，すべての資源管理と地域づくりの課題を解決してくれるものではない．また，本書で紹介した東南アジアの事例に見られるように，

資源管理認証が新たな課題を発生させる場合もある．資源管理認証を品質保証システムとして利用している国際市場や大手企業のロジックによる生産現場へのインパクトは，資源管理認証の機能の根本を揺るがしかねない．生産と消費の距離が地理的に，また感覚的にも乖離している現代において，資源管理認証は，本来，生産地と消費地をつなぐものである．しかしながら，その利用が広域的に広がっていくなかで，「匿名の持続可能性」という望ましくない状況が発生しているのも確かである．つまり，生産現場で実際に起こっていることを知ろうとする努力をせずに，安易に認証を取得した資源を調達する企業が生まれていることも，本書で取り上げた課題の１つである．資源管理認証が地域づくりのためのプラットフォームとして機能するためには，認証でつながることによって，多様なステークホルダーの「顔の見える関係」が構築されることが重要なのである．

おわりに

　本書では，生産者と生産現場の視点から国際資源管理認証のさまざまな側面を見てきた．資源管理認証が，適切な資源管理を促進するだけではなく，地域課題の解決や生産者のグローバルレベルへの発信のツールとなることが明らかになったが，読者のみなさんは，このような認証制度が万能ではないこと，また，かえって状況を複雑にしてしまうことがあることにも気付かれたことだろう．持続可能な資源利用と人々の暮らしの向上には，認証制度だけでなく，それを活かすための社会的基盤や人々のつながりについても，同時に考える必要がある．本書の執筆者たちは，国際資源管理認証の導入は，持続可能な地域づくりに必須ではないかもしれないし，短期的な利益も見込めないかもしれないが，ステークホルダーが共有できる長期的なビジョンを描き，協働を可能にしていると述べている．そしてそれが，地域に対する誇りと愛着に徐々につながっていく．

　本書に登場する国際資源管理認証のなかには，日本ではまだあまり普及していないものも含まれている．読者のみなさんは，このような最先端で「レア」なエコラベルと，その生産地で起こっていることを「知ってしまった」わけであり，それによってこれからの日本における資源管理認証とエコラベルの動静を追うことができるようになった．買い物に行けば，生鮮食品，菓子類，洗剤類，紙製品，木材製品などにエコラベルを見つける．そして，「お，このメーカーは，○○認証を導入しているな」と気付くことができるわけである．多様な自然資源についての認証制度を1冊に盛り込んだのは，それらが私たちの毎日の生活のさまざまな場面にかかわっているからでもある．エコラベルに気付くことを，生産者とその地域への「感覚的距離」を縮めるきっかけとしてもらいたい．

　2014年2月に総合地球環境学研究所・地域環境知プロジェクト（ILEKプロジェクト）が主催したシンポジウム，「国際認証制度を地域が使いこなすには」が開催された．これはおそらく日本で初めて，複数の自然資源を対象

とする国際資源管理認証を取り上げたシンポジウムである．本書の出発点は，このシンポジウムにおける講演とディスカッションである．生産者の視点から国際資源管理認証制度を議論するという試みは，資源管理認証の資源管理以外の機能と，多様なステークホルダーをつなぐプラットフォームとしての役割を浮かび上がらせた．本書の各部のテーマは，シンポジウムで得られた新たな観点をかたちにしたものである．シンポジウムでの現場感をそのままにお伝えするために，本書の執筆者もまた，半数が研究者以外の立場で，国際資源管理認証に直接かかわっている方々となっている．

　本書は総合地球環境学研究所・地域環境知プロジェクトによる支援を受けた研究と，プロジェクトメンバーの方々との建設的なディスカッションがもととなっている．プロジェクト事務局のみなさんからはさまざまな場面で助言，示唆，サポートをいただいた．これらの方々に深く感謝したい．とくに，研究と出版に向けたさまざまな作業を支えてくれた研究推進支援員の福嶋敦子さんに，この場を借りてお礼申し上げる．また，環境省環境研究総合推進費「アジア農村地域における伝統的生物生産方式を生かした気候・生態系変動に対するレジリエンス強化戦略の構築」と，外務省地球規模課題総括課「CGIAR関連研究センター使途指定事業」には，シンポジウムを共催していただいた．

　多くの執筆者の方々の参加がなければ，本書を出版することはできなかった．執筆していただいたみなさんに，深くお礼申し上げる．本書では各章ごとに謝辞を掲載することを避けたが，各章にご協力いただいたすべての方々に感謝したい．最後に，東京大学出版会編集部の光明義文さんには，出版のいろはのわからない私を編者の「大将」として扱ってくださったこと，また，数知れないメールでのやりとりのなかで幾度となく励ましてくださったことに，厚くお礼申し上げる．

大元鈴子

索　引

AFS　134
ASC　24, 70
　——認証　3, 78, 222
ASI　71, 139
CAMIMEX　192
CoC　71, 123, 136
　——認証　20
CSR　8, 76
FAO　8, 70
FPIC　171, 181
FSC　21, 135
　——認証　3, 49, 170, 175, 225
　——認証グループ　49
Iターン　56, 60, 88
ICOMOS　98
IDH　70
IFCC　134
IK　32
ILEK　34
ISEAL　8, 70
ISO　16
LEED　64
LEK　32
MPOB　212
MSC　22, 122
　——エコラベル　123
　——認証　3, 90, 222
Naturland認証　3, 192
NGO　141, 152, 223
PEFC　134, 135, 169
　——認証　3
RSPO　145, 201, 204, 225
　——認証　4
　——の認証モデル　156

SCCS　20
TEK　32
UNDRIP　171, 180
WWF　70

ア　行

愛知ターゲット　150
アイデンティティプリザーブド　156
アカガレイ　118
アクアカルチャーダイアログ　78
アクセシビリティ　24
アジェンダ21　21
アブラヤシ　7, 144, 201
海土町　84
アミタ株式会社　56
イオン　71, 90, 126
イノベーション　39
違法伐採　175, 178
入会操業　119
インフォームド・チョイス　4
ウィルマー　151
エコラベル　19, 32
オルタナティブ（代替の）貿易　17
温室効果ガス　150

カ　行

開発フロンティア　217
海洋管理協議会（MSC）　32, 96
改良網　119
顔の見える関係　232
科学的根拠　4
科学的な不確実性　41
仮想水　16
家族経営林　49

課題駆動型　36
株式会社トビムシ　49, 56, 58
カーボンフットプリント　16
過密養殖　66, 184, 198
　　──のジレンマ　74
環境経営コンサルタント　162
環境省　106
環境認証制度　1
慣習権保障　168
慣習的な権利　180
慣習的な利用　179
ガンズ社　130
管理材　137, 138
危機遺産リスト　99
気候変動　31
逆選択　216
供給サービス　2
強制労働　147
協働管理　31
京都府機船底曳網漁業連合会（京底連）
　111
漁業者　31, 91, 102, 117
禁漁区　118
グリーンウォッシング　22
グリーンビルディング認証（LEED）　64
グループ認証　27
　　──制度　159
クレジット方式　138
グローバル　221
　　──サウス　197
　　──な価値　227
経済のグローバル化　31
原生林　133
原則と基準　25, 146, 205, 211
顕著で普遍的な価値　98, 101
原木価格　60
合法性　4
国際ガバナンス　17
国際資源管理認証　1, 17
国際標準化機構（ISO）　96
混獲　118
コンサルティング　56

サ　行

再審査　125, 177
再生可能な自然資源　2
再認証　126
在来知　32
搾油工場　206
サザエ　88
サプライチェーン　151, 156, 203, 217, 224,
　225
資源管理認証　231
自主規制　115
市場原理を利用した仕組み　18
市場原理を利用した資源管理　4
持続可能性　1, 224
持続可能なパーム油　145
　　──のための円卓会議（RSPO）　202
志津川湾　66
児童労働　147
市民団体　35
社会生態系システム　41
社会的学習　34
自由意思による，事前の，十分な情報にも
　とづく同意（FPIC）　171
小規模漁協　93
小規模生産者　27, 183, 203, 207, 211, 212,
　215, 223
小規模農家　153, 159
　　──支援基金　160
小規模林家　135
少子高齢化　56
消費者　35, 40
知床世界自然遺産　100
知床方式　229
人権　146
人口減少　56
人口爆発　31
審査の透明性　4
信頼（性）　24, 36
森林火災　155
森林管理協議会（FSC）　32, 96, 167
森林認証制度　141, 167

森林破壊　150, 151
　　──ゼロ　155
水産資源　104
水産庁　106
水産養殖　183
水産養殖管理協議会（ASC）　32
水産養殖管理検討会　25, 71, 78
スギ　54, 60
ステークホルダー　26, 31, 141, 204, 221-223
ズワイガニ　113
生産者　40
製紙会社　38
生態系　30
　　──サービス　2, 30
制度の順応性　5
生物資源　30
生物多様性　6, 172
世界遺産　96
　　──条約　96
世界ジオパーク　99
世界自然保護基金（WWF）　22
世界農業遺産（GIAHS）　100
セグリゲーション　157
先住民族の権利に関する国際連合宣言（UNDRIP）　171
相互承認　169
双方向トランスレーター　39
底曳網　111
粗放養殖　187

タ　行

第一者認証制度　18
第三者機関　176, 210
第三者認証　18
　　──制度　19
退出オプション　217, 218
代替コモディティネットワーク　198
代替的フードサプライチェーン／ネットワーク　17
第二者認証制度　18
多機能性　198

タスマニア林業公社　130
タンパク質源　31
地域課題　34
地域環境知（ILEK）　34
地域企業　35
地域再生マネージャー　56
地域振興　97
地域づくり　10, 231
　　──のプラットフォーム　230
地域的生態学的知識（LEK）　32
地球サミット　21
知識生産者　34
知識のトランスレーター　9
知識ユーザー　32
地方行政　35
地方創生　86
中立性　4
チョイス・エディティング　28
調整サービス　2
調達方針　38
つなぐ概念　16
津波　67, 74
泥炭地　155
伝統的生態学的知識（TEK）　32
ドイモイ（Đổi mới）　184
匿名の持続可能性　232
土着的知識（IK）　32
トップダウン　37
　　──型　40
トランスディシプリナリー　34
　　──・プロセス　42
トランスレーター　40
トレーサビリティ　4, 20, 38, 193
トレードオフ　2

ナ　行

二酸化炭素　155
西粟倉村　47, 51
認証機関　19, 123, 140, 176
認証基準　33, 72
認証クレジット　147
認証審査サービス　56

認証仲買人　194
認証リテラシー　15, 29
認定機関　19
ネイチャーランド認証　192
ネガティブキャンペーン　152
熱帯雨林　149, 155
ネットワーク　42
年次監査　75

ハ 行

パーム核油　202
パーム油　144, 201
汎ヨーロッパ森林認証（PEFC）　135
東日本大震災　67
ヒノキ　54, 60
百年の森林構想　49, 58
百年の森林創造事業　49
フェアトレード認証　16
普及員　35
再びの共有化　59
ブックアンドクレーム　158
復興　72
フードマイレージ　16
ブラックタイガーエビ　183
プラットフォーム　42, 62, 95, 221, 225
プランテーション　154, 203, 207, 209, 211
ブリ・スギ類養殖　78
ブルー・レボリューション（青の革命）　184
プレミア価格　189, 194
文化的サービス　2
平成の大合併　55
ベトナム　184, 192
ベンチャー企業　60, 222
保護区　115
ボトムアップ　37

────型　40
ボランタリー　17

マ 行

マイクロファイナンス　59
マガキ養殖　68
マーケット　38
マスバランス　158
町づくり　86
マレーシア　204
────木材認証協議会　169
マングローブ　184, 186
道の駅　55
村おこし　63
森の学校プロジェクト　50
問題解決指向　36

ヤ 行

有機エビ基準　192
有機エビ認証　192
有機水産物　185
ユニリーバ　22, 151, 153, 160
ユネスコ　97
────エコパーク　99
養殖水産物　69
養殖生産量　69

ラ 行

ラムサール条約　100
流通加工過程　38
林業者　31
レジデント型研究　36
────機関　36
ローカル　221
6次産業化　60

執筆者一覧 （執筆順）

大元 鈴子	（おおもと・れいこ）	総合地球環境学研究所
佐藤 哲	（さとう・てつ）	総合地球環境学研究所
内藤 大輔	（ないとう・だいすけ）	国際林業研究センター
西原 啓史	（にしはら・けいし）	株式会社トビムシ
前川 聡	（まえかわ・さとし）	世界自然保護基金ジャパン
藤澤 裕介	（ふじさわ・ゆうすけ）	海士町漁業協同組合
松田 裕之	（まつだ・ひろゆき）	横浜国立大学環境情報研究院
山崎 淳	（やまさき・あつし）	京都府農林水産技術センター海洋センター
川上 豊幸	（かわかみ・とよゆき）	レインフォレスト・アクション・ネットワーク
武末 克久	（たけすえ・かつひさ）	株式会社レスポンスアビリティ
生方 史数	（うぶかた・ふみかず）	岡山大学大学院環境生命科学研究科

編者略歴

大元鈴子　（おおもと・れいこ）

1979 年　兵庫県に生まれる．
2013 年　ウォータールー大学大学院（カナダ）環境学研究科地理学専攻博士課程修了．
現　在　総合地球環境学研究所・研究員，地理学博士．
専　門　フードスタディーズ，認証制度地理学．
主　著　Reiko Omoto and Steffanie Scott. Multifunctionality and agrarian transition in alternative agro-food production in the global South : The case of organic shrimp certification in the Mekong Delta, Vietnam. Asia Pacific Viewpoint, in press ほか．

佐藤　哲　（さとう・てつ）

1955 年　北海道に生まれる．
1985 年　上智大学大学院理工学研究科博士課程修了．
現　在　総合地球環境学研究所・教授，理学博士．
専　門　地域環境学，生態学，持続可能性科学．
主　著　『日本のコモンズ思想』（分担執筆，2014 年，岩波書店），『フィールドサイエンティスト』（2016 年，東京大学出版会）ほか．

内藤大輔　（ないとう・だいすけ）

1978 年　神奈川県に生まれる．
2008 年　京都大学大学院アジア・アフリカ地域研究研究科博士課程修了．
現　在　国際林業研究センター・サイエンティスト，地域研究博士．
専　門　ポリティカル・エコロジー，自然資源管理，東南アジア地域研究．
主　著　『熱帯アジアの人々と森林管理制度』（共編，2010 年，人文書院），『ボルネオの〈里〉の環境学』（共編，2013 年，昭和堂）ほか．

国際資源管理認証
——エコラベルがつなぐグローバルとローカル

2016 年 3 月 15 日　初　版

［検印廃止］

編　者　大元鈴子・佐藤　哲・
　　　　内藤大輔

発行所　一般財団法人　東京大学出版会
代表者　古田元夫

153-0041　東京都目黒区駒場 4-5-29
電話　03-6407-1069　Fax 03-6407-1991
振替　00160-6-59964

印刷所　株式会社三秀舎
製本所　誠製本株式会社

© 2016 Reiko Omoto *et al.*
ISBN 978-4-13-060314-0　Printed in Japan

JCOPY 〈(社)出版者著作権管理機構 委託出版物〉
本書の無断複写は著作権法上での例外を除き禁じられています．複写される場合は，そのつど事前に，(社)出版者著作権管理機構（電話 03-3513-6969，FAX 03-3513-6979，e-mail: info@jcopy.or.jp）の許諾を得てください．

フィールドサイエンティスト 地域環境学という発想	佐藤哲[著]	A5判・256頁/3600円
海の保全生態学	松田裕之[著]	A5判・224頁/3600円
江戸前の環境学 海を楽しむ・考える・学びあう12章	川辺みどり・河野博[編]	A5判・240頁/2800円
海に生きる 海人の民族学	秋道智彌[著]	四六判・296頁/2800円
里山の環境学	武内和彦・鷲谷いづみ・恒川篤史[編]	A5判・264頁/2800円
林政学講義	永田信[著]	A5判・184頁/2900円
人と森の環境学	井上真ほか[著]	A5判・192頁/2000円
木材の住科学 木造建築を考える	有馬孝禮[著]	A5判・208頁/3500円
アジアの生物資源環境学 持続可能な社会をめざして	東京大学アジア生物資源環境研究センター[編]	A5判・256頁/3000円
社会的共通資本としての森	宇沢弘文・関良基[編]	A5判・344頁/5400円
日本の自然環境政策 自然共生社会をつくる	武内和彦・渡辺綱男[編]	A5判・260頁/2700円
環境倫理学	鬼頭秀一・福永真弓[編]	A5判・304頁/3000円
サステイナビリティ学〈全5巻〉	小宮山宏ほか[編]	A5判・平均200頁/各巻2400円

ここに表記された価格は本体価格です．ご購入の際には消費税が加算されますのでご了承ください．